Islands grösster Vulkan

Die Dyngjufjöll mit der Askja

Von

Dr. Hans Spethmann

Privatdozent für Geographie an der Universität Berlin

Mit 36 Abbildungen im Text

Leipzig

Verlag von Veit & Comp.

1913

Druck von Metzger & Wittig in Leipzig.

Meinen Eltern,

die mir die Liebe zur Natur schenkten.

Vorwort.

Vor etwa 25 Jahren schrieb Islands größter Sohn auf dem Gebiet der Naturwissenschaften, Professor THORVALDUR THORODDSEN: „Ich bezweifle nicht, daß mit hinreichender Zeit und Geduld ein künftiger Forscher eine ausgezeichnete Ausbeute hätte, wenn er die Vulkanberge der Dyngjufjöll, vielleicht die großartigsten auf Island, untersuchte.“ Diese Worte besitzen auch künftighin ihre volle Berechtigung; denn wenn ich auch zwei Sommer in dem Gebirge geweilt habe, so konnte ich doch nur einem geringen Bruchteile der Probleme nähertreten, die es in so reichem Maße bietet. Nur zu oft vereitelte das auch im Sommer rauhe Klima ein Erreichen der gesteckten Ziele, die Unwegsamkeit des Geländes gestattete nur ein mühsames Vorwärtskommen, und das ständige Leben im Schlafsack und im Zelt forderte viel Zeit und Arbeit für ganz andere Dinge als für wissenschaftliche Betätigung. Nur langsamen Schrittes lassen sich in den Dyngjufjöll Ergebnisse gewinnen.

Die Anregung zu ihrer speziellen Untersuchung ging von den Herren Geheimrat BRANCA und Privatdozent Dr. v. KNEBEL in Berlin aus. Unter der Führung des letzteren zog ich 1907 hinaus, ohne ihn kehrte ich zurück. Die angefangene Arbeit zu ergänzen und zu vertiefen, weilte ich 1910 wieder im östlichen Innerisland. Für beide Reisen wurden mir vielseitige Förderung und Unterstützung zuteil, und außer Herrn Geheimrat BRANCA bin ich zu warmem Danke verbunden den Herren Prof. BOEHM †-Freiburg, Sanitätsrat CAHNHEIM-Dresden, Prof. DEECKE-Freiburg, HEINRICH ERKES-Köln, Geheimrat HARRIES-Kiel, Geheimrat KRÜMMEL †-Marburg, Geheimrat RINNE-Leipzig und Prof. STRUCK-Lübeck wie der Königl. Preußischen Akademie der Wissenschaften zu Berlin, der Geographischen Gesellschaft zu Lübeck und der Firma ZEISS in Jena. Nicht minder verpflichtet bin ich Staatsrat HAVSTEN in Akureyri für seine wirksame Unterstützung im Sommer 1907 und SIRRA JÓNAS JÓNASSON in Akureyri, der mir in liebenswürdigster Weise eine große Anzahl von Abschriften verschaffte, ohne die es mir nicht möglich gewesen wäre, das reiche isländische Quellenmaterial auszuwerten. Ferner habe ich mich bei der Niederschrift der folgenden Zeilen oft dankbar dreier Gefährten erinnert, mit denen ich einen Sommer tagaus, tagein zusammengelebt habe. Es waren im Jahre 1907 ÖGMUNDUR SIGURDSSON, der langjährige, erfahrene Begleiter THORODDSENS, im Jahre 1910 SIGURDUR SUMARLIDASON, der unerschrockene und ausdauernde Führer auf Expeditionen, und der damalige stud. phil. EDUARD ERKES, der sprachenkundige Sohn des verdienten Islandforschers HEINRICH ERKES.

Die druckreife Niederschrift der erzielten Ergebnisse geschah im November und Dezember 1910. Äußere Umstände hinderten mich, die fertiggestellten Darlegungen sogleich zu veröffentlichen. Wenn es erst jetzt nach fast drei Jahren geschieht, so habe ich mit ganz wenigen Ausnahmen der seinerzeit beendeten Arbeit nichts hinzugefügt, so daß im allgemeinen das Ende des Jahres 1910 als Abschluß der Schrift gilt. Trotzdem dürfte sie dem neuesten Stand der Kenntnis des Gebietes gerecht werden, da seitdem die Erforschung der Dyngjufjöll so gut wie ganz geruht hat.

Charlottenburg, den 12. August 1913.

Hans Spethmann.

Inhalt.

Einführung.

Das östliche Innerisland wird von einer weiten Ebene eingenommen, die sich langsam von etwa 800 m im Süden auf ungefähr 400 m im Norden abdacht und die vorwiegend aus Lava aufgebaut ist. Sie wird das Ódádahraun, die Wüste der Geächteten, genannt. In ihrer Mitte erhebt sich, allseitig freistehend, ein Gebirgsmassiv, die Dyngjufjöll (spr. Dynjüfjöddl) geheißen. Ihr Grundriß gibt ungefähr ein Rechteck, dessen Seiten mit den vier Himmelsrichtungen übereinfallen und 15 und 20 km lang sind. An Höhe erreichen sie bei einer Basis zwischen 600 und 800 m Meereshöhe fast 1400 m über dem Meeresspiegel.

Die Gesamtheit der Berge ruft, aus der Ferne gesehen, den Eindruck eines in sich geschlossenen Baues hervor; von welcher Richtung man sie auch betrachten mag, stets blickt das Auge auf eine lückenlose Mauer. Zwei Gründe sind es, die diese Vorstellung erwecken. Einmal reichen die Erhebungen ungefähr alle in ein gleiches Niveau hinein, so daß keine Bergpersönlichkeit über ihnen thront, vielmehr waltet eine ausgesprochene Konstanz der Gipfelhöhen vor. Zweitens sind die einzelnen Erhebungen nicht energisch gegliedert; sie tragen ruhige, weiche, wellige Formen zur Schau. Kuppen und Rücken sind es, die die höchsten Punkte verkörpern, zwischen denen Hohlformen mit gleichfalls sanft gewölbten und wohl gerundeten Umrißlinien eingefurcht sind.

Nähert man sich den Bergen, so nimmt man von Westen und Süden deutlich wahr, wie sie nicht die ganze Fläche erfüllen, sondern schon unfern ihres Außenrandes in einem scharfen Steilabfall, der nach dem Innern der Gebirgsmasse gerichtet ist, jäh aufhören und nur die Einfassung zu einer größeren Hohlform bilden. Ein ähnliches Bild erhält man auch für den Osten, wenn man von einem höher gelegenen Berge im Norden des Ódádahraun, wie von Bláfjall oder Sellandafjall oder Eggert auf die Dyngjufjöll schaut, oder von Süden aus, wenn man sie von der Trölladyngja aus mustert. Einem weiteren Landschaftszug, der die Geschlossenheit unterbricht, begegnet man im Osten des Gebirgsmassivs. Klar ist hier zu erkennen, wie an einer Stelle ein breites und vergleichsweise tiefes Tal in die Bergwelt hineinführt. Ist man ein Stück hineingewandert, so sieht das Auge unvermutet nicht wieder Berge und Täler vor sich, sondern vor ihm öffnet sich ein großer rundlicher Kessel von etwa 55 bis 60 qkm Größe. Das ist die Askja; das Tal, das in sie hineinführt, ist das Askja Op. Ihr Boden ist mit ebenso junger Lava wie das Ódádahraun bekleidet, so daß für sie das Wort Morgans: „lava inside and lava outside" recht treffend ist. Im allgemeinen fassen

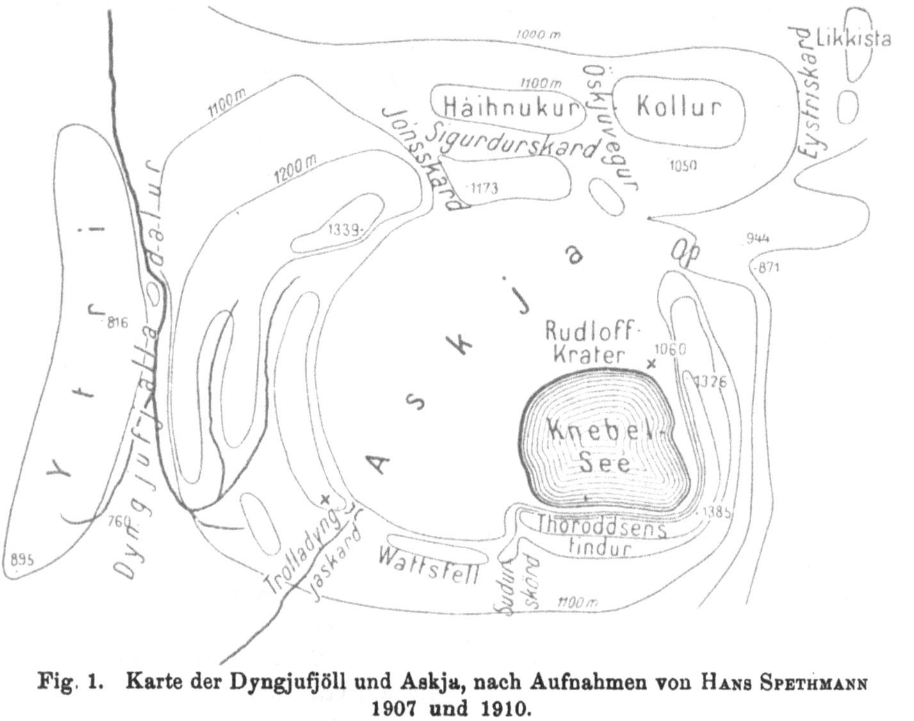

Fig. 1. Karte der Dyngjufjöll und Askja, nach Aufnahmen von Hans Spethmann 1907 und 1910.
Isohypsen von 100 zu 100 m.
Maßstab etwa 1 : 200000.

etwa 200—300 m hohe Erhebungen mit Ausnahme einer Stelle im Südwesten, dem Trölladyngjaskard, und einer anderen im Nordosten den Kessel mit vorwiegend vulkanischen Lockerprodukten ein. Da die gleichen Erhebungen nach außen etwa 600—800 m abfallen, so erhellt, daß die Sohle der Askja beträchtlich über dem Ódádahraun gelegen ist.

Das einförmige, aber großzügige Relief erfährt im Südosten der Askja eine landschaftlich freundliche Unterbrechung. In einem

Kessel breitet sich dort ein etwa 15 qkm großer See, der Knebelsee, an dessen Südwestufer ein Solfatarenfeld seine Dämpfe gen Himmel schickt. Nahe dem Nordostufer haucht ein noch nicht erloschener Krater, der Rudloffkrater, unablässig seine Dämpfe aus. Krater und Solfatarenfeld bieten das einzige belebende Moment in der sonst so toten und stummen Szenerie, die keine Vegetation und kein Tierleben kennt.

Das sind die Grundzüge der Landschaft, die sich jedem Besucher der Askja aufgedrängt haben. Nur ein Charakteristikum blieb unbekannt, ein Tal, das die westlichen Dyngjufjöll von Norden nach Süden durchzieht; es ist der Dyngjufjalladalur, der von den eigentlichen Dyngjufjöll die Dyngjufjöll ytri scheidet.

Die Erforschung.

a) Bis zum Jahre 1907.

Weß Menschen Fuß zuerst die Dyngjufjöll und Askja betreten hat, ist unbekannt und wird auch wohl niemals aufgeklärt werden. Lock und Erkes[1] haben schon darauf hingewiesen, daß bei dem Untersuchungsgeist der Isländer die Annahme berechtigt ist, bald nach der Besiedelung des Landes sei auch das östliche Innerisland erkundet worden. Diese Ansicht wird bekräftigt durch die Erwähnung eines Dyngjufjalladalur in isländischen Schriften des 18. Jahrhunderts, wie Thoroddsen mitteilte. Verbürgt wird das Betreten der Dyngjufjöll zum erstenmal jedoch erst für das Jahr 1830. In diesem Sommer begaben sich fünf Bauern auf eine Erkundungsreise, unter ihnen Sigurdur Jónsson von Gautland und Jónas Jónsson von Graenavatn. Der letzte der beiden teilte 1884 Thoroddsen das Folgende persönlich mit.[2] Man hatte vom Mückenseegebiet aus Rauch über den Dyngjufjöll aufsteigen sehen. Ich glaube kaum mit Erkes, daß es sich hierbei um Staub handelt, da die Isländer ein scharfes, ihre Natur gut beobachtendes Auge besitzen, auch nicht um Solfatarendämpfe, da diese wohl kaum in so großer Entfernung besonders aufgefallen wären, sondern wirklich um irgendeine eruptive Erscheinung. Von Sudurárbotnar aus zogen die Männer südwestlich (soll wohl heißen südöstlich) über Höhenzüge, die westlich von den Dyngjufjöll ausgingen. Als sie in östlicher Richtung über die Berge gekommen waren, trennten sie sich. Zwei von ihnen zogen über oder an der Vadalda zur Jökulsá, drei über die Dyngjufjöll ytri zum Heilagsdalur beim Bláfjall. Da von der Askja nichts gesagt wird, so scheint es, daß die Männer westlich und südlich um die Dyngjufjöll herumgekommen sind, vielleicht sie auch im Südwesten gequert haben. Was mit den Dyngjufjöll ytri gemeint wird,

---

[1] Wenn bei Autoren keine Literatur angegeben ist, so wolle man das Schriftenverzeichnis auf S. 23 einsehen.

[2] Th. Thoroddsen, Landfraedissaga Islands. Bd. IV. Kaupmannahöfn 1904.

ist gleichfalls unklar, doch vermute ich, daß es im vorliegenden Falle ein nordöstlicher Vorsprung der Berge ist, getrennt durch einen Paß, durch den aus der Gegend der Vadalda der Heilagsdalur schon aus der Ferne zu erkennen ist und am leichtesten erreicht werden kann.

So sicher es ist, daß die fünf Bauern die Dyngjufjöll betreten haben, so unsicher ist es anderseits, ob sie in der Askja waren, wie Erkes annimmt, oder ob sie sie überhaupt gesehen haben. Ich glaube auf Grund der Erfahrungen auf einer ähnlichen Reise, die 1855 gleichfalls von Ansiedlern vom Mückensee in dieses Gelände unternommen wurde und bei der, wie sogleich dargelegt werden wird, eine ganz ähnliche Route eingeschlagen wurde, beide Möglichkeiten verneinen zu müssen.

In den Jahren vor 1855 waren im Mückenseegebiet so auffallend viele Schafe verschwunden, daß sich den dort ansässigen Bauern immer und immer wieder der Gedanke aufdrängte, die Tiere seien nach neuen, bislang unbekannten Grasplätzen gelaufen und dort während der Winterszeit umgekommen. 1855 veranstalteten deshalb vier Ansiedler eine regelrechte Suchexpedition, bei der auch die Dyngjufjöll betreten wurden. Die Teilnehmer waren: Jónas Jónsson von Graenavatn, Jón Hendriksson von Helluvad, Hjálmar Holgarsson und Sigurjón Gudmundsson von Grímstadir. Dem letzten unter ihnen, der 1910 75 Jahre alt war, verdanke ich die folgenden Angaben, die durchaus zuverlässig sind, wie eine Reihe von Nachprüfungen ergab. Von den Sudurárbotnar zogen sie nach dem Dyngjufjalladalur, eine Bezeichnung, die Sigurjón für das Nord-Süd gerichtete Tal im Westen der Dyngjufjöll kannte, dann entlang der Südseite der Dyngjufjöll zur Vadalda, die in der Richtung auf die Jökulsá verlassen wurde. In der Askja, deren Namen sie kannten, sind die Männer, wie mir Sigurjón ausdrücklich betonte, nicht gewesen; sie haben nur das Op aus größerer Entfernung gesehen.

Zwischen diesen beiden Bauernexpeditionen ist die Reise von Björn Gunnlaugsson gelegen, der am 31. Juli 1838 aus der Gegend der Trölladyngja zu den Dyngjufjöll kam, aber unter schlechter Witterung so sehr zu leiden hatte, daß er keine Mappierung vornehmen konnte. Nach Thoroddsen ist es sicher, daß er die Askja durch das Op verlassen hat. Die vorliegenden Nachrichten sind jedoch zu spärlich, als daß man aus ihnen definitive Schlüsse ziehen könnte.[1]

---

[1] Th. Thoroddsen, Landfraedissaga Islands, Bd. 3 S. 312. Kopenhagen 1902.

Anfang Januar 1875 ereigneten sich in den Dyngjufjöll vulkanische Eruptionen, durch die vier mutige Isländer zu einer Erkundungsreise veranlaßt wurden. Sie brachen am 15. Februar desselben Jahres vom Gebiet des Mückensees aus auf, nachdem sie sich vergewissert hatten, daß der Ausbruch nördlich vom Rande des Vatnajökull vonstatten gegangen sei. Sie querten das nördliche Ódádahraun und hielten auf die eigentlichen Dyngjufjöll zu. Schon auf der Mitte ihrer Route hörten sie heftigen Donner und gleichzeitig nahmen sie „starken Feuergestank" (wohl Schwefelgeruch) wahr. Je näher sie den Bergen kamen, um so mehr nahmen diese Erscheinungen zu. Deutlich sahen sie eine dicke Rauchwolke im Westen vom Fuß der Berge aus in die Luft steigen, dort, wo auf der Karte von Gunnlaugsson die Dyngjufjöll fremri einen großen Gebirgsring formen und eine weite Lavafläche im Bogen einschließen, die auf der Karte Askja gennant wird (in dem Bericht wird ausdrücklich angegeben, daß die Berge nicht richtig auf der Karte wiedergegeben seien). In der Askja, westlich am Fuß der Ostberge, fanden die Kundschafter den Ort, an dem das Feuer ausgebrochen war, und sie melden, daß dort ein Krater und eine große heiße Quelle waren, die Steine und Lehmschlamm mehrere hundert Fuß hoch in die Luft schleuderten. Der Steinwürfe halber drangen die Leute nur 60 bis 70 Faden an den Krater heran. Nahe bei ihm waren noch mehrere heiße Quellen. An einer Stelle schien ein kleiner Lavastrom hervorgebrochen zu sein, doch kamen die Männer nicht nahe genug, um es mit Sicherheit festzustellen. Aus einigen der heißen Quellen floß reichlich Wasser, das einen kleinen See bildete. Rings herum war die Oberfläche verstürzt, in Stücke zerrissen und von großen offenen Spalten und Rissen durchsetzt. An anderen Stellen war der Boden niedergesunken, so daß man nicht versuchen konnte, näher an das Eruptionsgebiet zu gelangen.

Über diese Reise liegt noch ein zweiter Bericht vor, den die Zeitung Isafold in einem Brief aus Myvatnsveit vom 27. Februar 1875 brachte und der der Wichtigkeit halber hier mitgeteilt sei. Am 16. Februar gegen 11 Uhr vormittags war die ausgesandte Expedition im östlichen Teil der Dyngjufjöll. Es sind hier Lavaflächen, an welche sich gegen Osten ein Höhenrücken anschließt. Die Männer überstiegen diese kaum eine halbe Wegstunde breite Fläche und gelangten in ein enges Tal oder eine Spalte, die von Westen nach Osten verläuft. Der Abstieg war etwas steil. Südlich von dieser Talschlucht erhebt sich ein hohes, jähes Gebirge, das sich indessen nicht weit nach Westen erstreckt, weil die Talschlucht gegen Süden umbiegt und dem Gebirge eine Grenze setzt. Die

Leute sahen den Rauch über dem westlichen Teil des Gebirges. Da sie glaubten, daß sich die Talschlucht noch weit hinzog, so folgten sie ihr nicht, sondern überschritten das Gebirge quer gegen Süden. Es war nur schmal. Als sie an den Südrand kamen, sahen sie das Ziel ihrer Wanderung. Sie erblickten zu ihren Füßen gegen Südwesten einen tiefen Talkessel mit flachem Boden, eine halbe Meile im Durchmesser groß und rings umschlossen von hohen Felswänden, die gegen Osten steile Abstürze darboten und nur gegen Westen und Nordwesten weniger jäh waren. Die Talschlucht hatte von Norden her eine schmale Öffnung in diesem Talkessel, der von neugefallenem Schnee bedeckt war. In seinem südöstlichen Teil, nahe der Felswand, lag der Krater, dem der dichteste Rauch entstieg. Er hatte keinen Kegel aufgebaut, sondern war nur von einem niedrigen Lavaring umschlossen, dessen Durchmesser auf 40 bis 50 Faden geschätzt wurde. Die Innenwände des Schlundes waren, soweit man es erkennen konnte, steil. Die Eruptionen geschahen stoßweise mit wechselnder Heftigkeit. Wegen des starken Rauches konnte man die Beschaffenheit der Auswurfsmassen nicht deutlich erkennen, es waren augenscheinlich glühende Steine und Schlamm. Das meiste fiel wieder in den Krater zurück oder auf dessen Rand, von dem es alsdann wieder zur Tiefe rollte. Aus dieser erscholl ein entsetzliches Lärmen und Dröhnen. Die herausgeschleuderten Massen flogen wohl hundert Faden hoch, einige der Männer schätzten die Wurfhöhe noch bedeutender. Feuersäulen sahen sie hingegen nicht. Etwa 80 bis 90 Faden westlich vom Krater war eine Bodensenkung in Form eines Hufeisens; die Fläche des gesunkenen Landes wurde auf fünf dänische Tonnen geschätzt. Die Senkung war am bedeutendsten gegen Nordwesten, wo die das Senkungsfeld umgebenden Abfälle etwa fünf Faden hoch aufragten. Im südlichen Teil des Senkungsfeldes war ein kleinerer Krater, in dem es ruhig brodelte. Aus ihm war ein kurzer Lavastrom gegen Südwesten mit zungenförmigem Fortsatz ausgeflossen. Weiter westlich von ihm war im Senkungsfeld noch ein kleinerer Krater vorhanden, der rauchte, aber nichts auswarf. Viele, nicht mehr dampfende Löcher und Spalten waren unregelmäßig verstreut. Es gelang den Männern indessen wegen der Steilheit des Bruchrandes nicht, den eingesunkenen Boden zu betreten.

In der Umgebung des Kraters bebte der Boden unaufhörlich. So bauten sich die Männer unter einem schützenden Fels eine Schneehütte, mußten jedoch von dort fliehen wegen eines Erdbebens, das eine solche Stärke erreichte, daß sie fürchten mußten, unter einstürzenden Felsen begraben zu werden.

Die beiden vorstehend auszugsweise wiedergegebenen Berichte sind die ältesten Nachrichten, die über die Eruptionsvorgänge in der Askja im Jahre 1875 vorliegen. Ihnen kommt deshalb bei der Deutung der vulkanischen Erscheinungen dieses Gebietes eine besondere Beachtung zu, ferner aber auch deshalb, weil aus den Mitteilungen deutlich hervorgeht, daß bei dem Einschlagen der Route die bequemste Verbindung zwischen der Askja und dem nördlichen Ódádahraun, der Öskjuvegur, benutzt wurde. Die Expedition ist dann durch das Op auf die Ostberge gestiegen.

Nachdem einmal bekannt geworden war, daß die landschaftlich fesselnden Punkte in der Askja und nicht in den Dyngjufjöll gelegen sind, konzentrierte sich das Interesse fast aller nächsten Reisenden auf die Askja. Der erste, dem eine genauere Beschreibung des Kessels zu danken ist, war der englische Rechtsgelehrte W. L. Watts. War er auch nicht geographischer Fachmann, denn sportliche Neigungen zogen ihn ins Innere Islands, so ist doch seine Reisebeschreibung eine wichtige und ergiebige Quelle für die damaligen Zustände in der Askja und dem benachbarten Teil der Dyngjufjöll, ein Dokument, wie besonders hervorgehoben werden muß, von weit größerem Wert als das noch zu nennende Buch von Lock, der sich über seinen Landsmann bei jeder Gelegenheit mit höhnischen und abfälligen Worten ausspricht und außerdem vielfach die Reise um ein Jahr später legt.

Wie Watts kein Gelehrter war, so enthält er sich auch fast gänzlich jeglicher Deutung der vulkanischen Ereignisse, die sich zu Beginn des Jahres 1875 in der Askja abgespielt hatten, teilt dafür aber um so ausführlicher und sorgfältiger mit, was er gesehen hat. Ist die landschaftliche Darstellung dabei auch nicht gerade mit hohem Schwung verfaßt,[1] so merkt man ihr doch an vielen Stellen ein warmes Naturempfinden an, und vor allen Dingen drängt sich die Zuverlässigkeit in den Angaben des Reisenden auf, wofür als Beispiel die Mitteilungen über Berghöhen, Umfang, Breite und Tiefe der Einsenkung im Knebelseegebiet angeführt seien. Gewonnen wurde die Anschauung der Askja meines Erachtens am 16. und 17. Juli 1875, während Erkes den 16.—18. Juli 1875 mutmaßt. Die Unklarheit entspringt dem Datenmangel in dem Reisebericht, den schon Thoroddsen beklagt, so daß man an der Hand der Reisebeschreibung zur Rekonstruktion der einzelnen Tagesdaten schreiten muß. Dieser Weg führte mich zu der folgenden Aufstellung, aus

[1] Vgl. die Besprechung im Alpine Journal, Bd. 8, Nr. 55. London 1877.

der zugleich das Nähere über die eingeschlagene Route ersehen werden kann. Von einer strapaziösen Erstdurchquerung des Vatnajökull kommend, war Watts zu Fuß vom Kistufell über die Gegend des Dyngjuvatn entlang am Südostfuß der Dyngjufjöll nach Grímstadir östlich der Jökulsá gelangt. Am 13. Juli abends Aufbruch von Grímstadir; 14. Juli: 5^h a. m. Lagerplatz westlich der Jökulsá; 15. Juli: 2^h a. m. Rast bei der Vadalda; 7^h p. m. Aufbruch zur Askja aus der Gegend des heutigen Dyngjuvatn; 10^h p. m. Aufstieg zu den Dyngjufjöll. 16. Juli: Morgens an der Askja; nachmittags: Ersteigung der höchsten Spitze und versuchter, aber mißglückter Abstieg in den Kessel, in dem heute der Knebelsee ruht. Schlafplatz am Rudloffkrater. 17. Juli: Am Nordwestrand des Kessels; durch Trölladyngjaskard zum Fuß der Trölladyngja. 18. Juli: Besteigung der Trölladyngja und Rückkehr zum Fuß des Berges; abends noch Abmarsch zum Südosten der Dyngjufjöll, woselbst Ankunft am 19. Juli früh. Am Abend kurze Besteigung eines Gipfels, um Abschied von der Askja zu nehmen. Dann zur Herdubreid, woselbst am 21. Juli bei Sonnenaufgang Ankunft. Ruheplatz gleich wieder aufgegeben und nach Lindaá gezogen; abends Grafalandá. 22. Juli: Aufbruch nach Grímstadir. Um 12 Uhr an der Westseite der Jökulsá bei Grímstadir.

Niedergelegt ist die kühne Reise, die eine große körperliche Energie erheischte, in dem längst vergriffenen Buche: Across the Vatnajökull, von dem in dem Londoner Geographical Journal ein gekürzter Abriß erschien; vor diesen beiden Arbeiten war jedoch bereits ein Originalartikel in der Londoner „Times" veröffentlicht, der in isländischer Sprache später im Thjodolfur und Nordlingur aufgenommen wurde. Er enthält den Kern zu den späteren Darlegungen.

Nachdem sich die Untersuchungen von Watts im Nordland herumgesprochen hatten, schickte der Redakteur der Zeitung Nordlingur zwei Isländer zu den Dyngjufjöll, Jón Thorkelsson und Sigurdur Kráksson. Sie brachen am 7. Februar 1876 von Svartárkot aus auf, von jener Farm aus, die am weitesten binnenwärts gelegen ist und für derartige Untersuchungen eine geeignete Basis abgibt. Der Erdboden war gänzlich unter Schnee begraben und deshalb gut gangbar. Hin- und Rückweg wurden in je 11—12 Stunden zurückgelegt, der Aufenthalt in der Askja währte etwa einen Tag. Einen Bericht über die Wanderung, bei der ein Paß im Norden der Askja, der Jónsskard, gefunden wurde, hat Jón Thorkelsson veröffentlicht, der frei von Übertreibungen ist und in schlichten, aber charakteristischen Worten das Gesehene vorführt und sohin als ein einwandfreies Quellenmaterial zur Askjaforschung ohne Bedenken verwertet werden darf.

Im gleichen Jahre wurde die Askja noch zu wissenschaftlichen Zwecken aufgesucht. Im Auftrag des dänischen Ministeriums begab sich der Geologe Johnstrup in unser Gelände. Es glückte ihm, am 30. Juni 1875 von Svartárkot aus aufbrechend, am 1. Juli[1] in einem Zelt am Fuße von Jónsskard einen festen Platz zu gewinnen, womit er dank der ersten Verwendung von Pferden bei einer Askjaexpedition alle seine Vorgänger in der Dauer des Aufenthalts übertraf. Fünf Tage dauernd gutes Wetter gestattete ihm einen mehrfachen Besuch des Südostens der Askja zu geologischen Studien wie gleichzeitig eine Mappierung des Geländes von seiten des Leutnant zur See Caroc. Die gewonnenen Beobachtungen erfreuen sich der größten Exaktheit, und der kleine Bericht, in dem Johnstrup alles niedergelegt hat, ist meiner Überzeugung nach die beste wissenschaftliche Würdigung, die das verstrichene Jahrhundert über die Dyngjufjöll und die Askja gebracht hat. Johnstrup hat seine Ergebnisse in der Geografisk Tidskrift noch einmal etwas erweitert und übersichtlich zusammengestellt.

Gegenüber Watts, Thorkelsson und Johnstrup ist den Arbeiten von Lock nur ein geringer Wert beizumessen. Beispielsweise sind alle Geländemaße um das Vielfache übertrieben, aus kleinen Schneeflecken werden eisige Gletscher, aus mittelmäßig rauher Lava wird eine Hölle von Unwegsamkeit. Auch berühren neben den schon erwähnten bissigen Urteilen über Watts die spöttelnden Bemerkungen über den anonymen Begleiter H., wie das häufige Hervorheben eigener Leistungen nicht gerade sympathisch. Immerhin sind aber die Angaben über die Zustände in dem jungen Eruptionsgebiet während der Jahre 1878 und 1880 von Belang, wenn sie sich auch in sehr weitem Rahmen halten.

In diesen beiden Jahren weilte Lock je einmal in der Askja, von Svartárkot durch den Jónsskard kommend. Doch können beide Aufenthalte nur von kurzer Dauer gewesen sein, da die Pferde jedesmal am Südfuß von Jónsskard zurückgelassen wurden, wobei sich 1878 das Mißgeschick einstellte, daß zwei Tiere fortliefen, die übrigen mit ihrem Gepäck beladen werden mußten und Lock selber bis nach Svartárkot oder bis zur Sudurá zu Fuß zu gehen genötigt war. Für 1880 wird überliefert, daß die Abwesenheit von der Farm 42 Stunden ausmachte, wovon mehr denn 30 für Hin- und Rückritt abgehen. Niedergelegt hat der Reisende seine Eindrücke in einem

[1] Rückkehr am 8. Juli nach Thoroddsen, Landfraedissaga IV, p. 96.

Buche: Askja, Iceland's largest volcano, außerdem in einem summarischen Abriß, der mancherlei Ergänzungen bietet, in den Proceedings der Londoner geographischen Gesellschaft. Bemerkenswert ist eine Askjakarte von ihm, die sich auch in seinem Guide to Iceland (Charlton, ohne Jahr) findet.

Recht verwendbar ist ein Bericht von DELMAR MORGAN, der im nächsten Jahre, am 21. August 1881, einen ganzen Tag in dem Gebiete weilte, nachdem auch er die Route über Svartárkot und Jónsskard eingeschlagen und ein oder zwei Nächte im Zelt verbracht hatte. Er hat eine Darlegung seiner Askjafahrt als Anhang in einem Reisebuch von COLES gegeben, ferner veröffentlichte er seine Erlebnisse und Ergebnisse in den soeben angeführten Proceedings in Form eines Vortrages, zu dem LOCK in der Diskussion einige kritische Ergänzungen geliefert hat, die sich mit seinen Anschauungen in seinem Buche decken.

1884 kam THORODDSEN auf einer bislang nicht eingeschlagenen Route zur Askja, von Osten her durch das Op, wobei sein Ausgangspunkt in der Nähe der Herdubreid gelegen war. Allein aus technischen Rücksichten war ihm nur wenige Stunden lang ein Aufenthalt in der Umgebung des Knebelsees vergönnt, während dessen die Pferde am Rudloffkrater gefüttert wurden. Des mehrfachen hat er sich über die landschaftlichen Eindrücke geäußert wie über seine wissenschaftlichen Beobachtungen, am ausführlichsten im Andvari; ferner in Petermanns Mitteilungen, in den geographischen Zeitschriften von Wien und Kopenhagen und vor der schwedischen Akademie der Wissenschaften. Wesentlich Nennenswertes konnte er der Kürze seiner Anwesenheit halber nicht gewinnen, doch ist die Reise deshalb wichtig, weil neue Beiträge über die damaligen Zustände in dem Eruptionsgebiete gesammelt wurden.

Nach THORODDSENS Anwesenheit wird 13 Jahre lang von wissenschaftlicher Seite überhaupt kein Versuch gemacht, die Dyngjufjöll und die Askja aufzusuchen. Dem Dänen DANIEL BRUUN, der nach dieser Pause zuerst die Absicht wieder ernstlich ins Auge faßte, mißglückte der Plan. Er kam am 27. August 1897 bei schlechter Witterung bis zum Fuß von Jónsskard, übernachtete auf dem gleichen Platz, auf den JOHNSTRUP sein Zelt aufgeschlagen hatte, mußte aber am nächsten Morgen bei Regen, Sturm und Nebel umkehren. Das gleiche Mißgeschick ereilte am 28. Juni 1907 H. ERKES und P. CHRISTMANN; auch sie vermochten ungünstigen Wetters halber die Askja nicht zu erreichen, sondern mußten in heftigem Schneesturm und dichtem Nebel kurz vor Jónsskard umwenden.

b) v. Knebels Expedition 1907.

Die besprochenen Reisen haben seit 1875 den gemeinsamen Grundzug, daß es gilt, das Eruptionsgebiet in der Gegend des Knebelsees kennen zu lernen. Ist die Askja an irgend einem Punkte erreicht, so wird auf dieses Ziel in kürzester Richtung gesteuert, um es nach einem mehr oder minder schnellen Einblick wieder zu verlassen. Von den Dyngjufjöll wird dabei nur so viel betreten, als die Erreichung der Askja erheischt, so daß von einer irgendwie gründlichen und großzügigen Erforschung des gesamten Gebietes nicht gesprochen werden kann. Den Plan, eine solche vorzunehmen, faßte zuerst W. v. Knebel auf Grund eingehender Literaturstudien und persönlicher Kenntnis anderer Teile Islands. Die Absicht wurde auf das wärmste von Geheimrat Branca-Berlin gefördert, die pekuniäre Seite für die Ausführung der Untersuchungen übernahm die königl. preußische Akademie der Wissenschaften. In Angriff genommen wurde das Unternehmen im Sommer 1907 in Gestalt einer Expedition, die in dem Leiter Privatdozent Dr. W. v. Knebel, dem Maler und Zeichner Max Rudloff und dem Autor vorliegender Zeilen bestand. Wir gelangten am 1. Juli 1907 morgens 5 Uhr am Rudloffkrater an, nachdem wir am Tage vorher morgens 9 Uhr von Svartárkot mit einer Karawane von 27 Pferden und in Begleitung dreier Isländer aufgebrochen waren. Die letzteren mußten uns nach unserer Ankunft mitsamt den Pferden sofort wieder verlassen; nur Ögmundur Sigurdsson, der langjährige Begleiter Thoroddsens, sollte nach ungefähr 12 Tagen mit dem zweiten Teil des Proviants zu uns stoßen.

Daß unser Hinritt zur Askja so lange währte, hatte verschiedene Ursachen. Einmal war die Karawane ungewöhnlich groß; je umfangreicher sie ist, um so langsamer kann sie sich vorwärts bewegen. Zweitens schlugen wir auf Grund der ungünstigen Erfahrungen, die Erkes und Christmann in diesem Sommer gemacht hatten, nicht die Route durch das Jónsskard ein, sondern wählten das Op als Zugang zur Askja. Hinzu kam, daß wir dieses Eintrittstor verfehlten und beinahe bis zum Dyngjuvatn gelangten, so daß wir einen beträchtlichen Umweg zurücklegten. Ferner gesellte sich hinzu, daß das Op für eine schwere Pferdekarawane geradezu unpassierbar war, namentlich, als wir es von Norden nach Süden unter einem noch zu erwähnenden Wasserfalle kreuzten.

Es war zuerst der Plan entworfen worden, v. Knebel und Rudloff erforschen die Dyngjufjöll, ich hingegen den Boden der Askja. Allein, nach einer von W. v. Knebel und mir unternommenen orientierenden Wanderung über die Ostberge mußte diese Absicht geändert werden: v. KNEBEL nahm den Süden und Westen der Dyngjufjöll, ich den Norden und Osten. Bis zum 10. Juli habe ich im äußersten Nordosten gearbeitet, teils, weil dieses Gebiet von unserm gemeinsamen Zeltplatz am Rudloffkrater am weitesten entfernt war und ich am Anfang das körperlich Strapaziöseste erledigen wollte, dann aber auch, weil mich dort das Gelände in wissenschaftlicher Hinsicht fesselte. v. KNEBEL und RUDLOFF begingen in diesen Tagen die Nord- und Ostufer des Knebelsees, stiegen auf die südlichen

1907. H. Sp.

Fig. 2. Zelt mit Ögmundur Sigurdsson am Nordhang des Rudloffkraters.

Ostberge bis zum Südosten und waren, wenn ich mich recht entsinne, von Osten auf die Berge im Süden des Knebelsees gekommen. Ihr Hauptaugenmerk richteten sie jedoch zunächst auf die Erforschung des Sees, zu welchem Ende ein Faltboot von dem Zelte aus nach dem Nordwesten des Sees transportiert wurde, weil nach der damaligen Schneebedeckung dort allein eine Zugangsstelle zum Wasserspiegel vorhanden zu sein schien. Denn einem Punkte in der Nähe des Zeltplatzes war augenscheinlich nicht recht zu trauen, da seine Umgebung eng von Spalten durchsetzt war, die der Schnee mehr oder minder unter sich begrub; nach der Schneeschmelze stellte sich freilich heraus, daß auch hier ein geeigneter Platz vorhanden gewesen wäre.

Da das Boot in dem ganzen Verlauf der Expedition eine einschneidende Rolle gespielt hat, sei mir gestattet, etwas ausführlicher darauf zurückzukommen, zumal, da über das Verhängnis, das es gebracht hat, mannigfach widersprechende Meinungen verbreitet wurden und bisweilen auch noch verbreitet werden, die zum Teil auch in Fachzeitschriften Aufnahme gefunden haben. So sehr sicherlich bei wissenschaftlichen Arbeiten der äußere Verlauf einer Reise in den Hintergrund zu treten hat, so glaube ich doch im vorliegenden Falle eine Ausnahme machen zu müssen und der Öffentlichkeit gegenüber hinsichtlich der Ereignisse, die sich seinerzeit abgespielt haben, dauernd Rechenschaft schuldig zu sein.

Das Boot war ein kleines, aus zwei Hohlformen zusammengesetztes Faltboot. Es bestand aus Segeltuch, das um Bronzestangen gespannt war. Das Fahrzeug war in Deutschland nicht im Wasser geprüft worden, sondern wurde bei Akureyri auf dem Eyafjord zum ersten Male einer Fahrt unterzogen, an der ich in leichtester Kleidung teilnahm. Das Ergebnis war, daß das Boot Wasser nahm (warum, ist mir nicht ganz klar geworden), so daß wir früher als beabsichtigt an Land zu gehen gezwungen waren, das Fahrzeug ans Ufer bringen mußten und das Wasser herauskippten. Meine Reisegefährten setzten dann das Zurückrudern bis zur Abfahrtstelle fort, während ich es vorzog, zu Fuß den Weg nach Akureyri zurückzulegen. Hier in dem Hafenort war das Boot Gegenstand lebhafter Erörterungen. Auch nicht einer von der einheimischen Bevölkerung erklärte das Fahrzeug den isländischen Verhältnissen gewachsen, vielmehr erhielt es gar bald den Namen „Helvitibátur“, Teufelsboot (wörtlich Höllenboot).

Von Akureyri wurde es auf einem Pferderücken mit unserer Karawane zur Askja geschafft, nachdem es vorher in zwei Segeltuchhüllen verpackt war. Bei diesem Transport litt der Überzug des Fahrzeuges so sehr durch Scheuern, daß er mehrere große Löcher erhielt, ferner trug der Gaul eine große offene und bleibende Fleischwunde davon, die reichlich zwei Monate später noch nicht vollständig vernarbt war. Als in der Askja unser durch eine mehr denn zwanzigjährige Tätigkeit im Verein mit THORODDSEN bewährter Ögmundur Sigurdsson umkehren mußte, warnte er vor seinem Abschied auf Grund der vorstehenden Tatsachen v. KNEBEL aufs eindringlichste vor der Benutzung des Fahrzeuges und sagte direkt zu den beiden andern Isländern: The boat will be the death of the men. v. KNEBEL ließ sich nicht abraten, sondern begann im Verein mit

RUDLOFF das Fahrzeug an der schon genannten Stelle auf den See zu bringen. Zu dem Zwecke mußte ein längerer Weg über Lava zurückgelegt werden. Meine Reisegenossen transportierten nun derart das Boot ohne den schützenden Überzug, daß sie je eine Hälfte auf die Schulter nahmen und je ein Ruder unter einen Arm. Bei der Unebenheit des Terrains waren sie vielfach genötigt, von Zeit zu Zeit eine kleine Pause zum Sammeln neuer Kräfte eintreten zu lassen, sie mußten dann stets das Boot ohne seine Hülle auf die oft schneidend scharfe Lava setzen. Am 9. Juli teilte mir v. KNEBEL mit, das Fahrzeug sei zum Wasserspiegel gebracht, am 10. sollte seine erste Fahrt auf dem See unternommen werden, über deren Einzelheiten — Abfahrtsstelle, Ziel, Art des Ruderns usw. — er mich genau unterrichtete. Er mußte sich eines auf dem Landtransport beschädigten Ruders bedienen, das, um einen völligen Bruch des Holzes zu vereiteln, mit einem Gipsverband versehen war.

Am 10. Juli morgens begaben sich meine Gefährten mit dem verbundenen Ruder zum Fahrzeug, ich ging wie gewöhnlich zu den nordöstlichen Dyngjufjöll. Abends 10 Uhr kam ich zu unserm gemeinsamen Zeltplatz zurück, an dem meine Reisegenossen noch nicht eingetroffen waren. Ich wartete bis 12 Uhr, da ich selbst in der Nacht vorher erst um diese Zeit in der Helle der nordischen Mitternachtssonne aus meinem Arbeitsgebiet heimgekehrt war, begab mich dann aber sofort auf die Suche an den See, ging an seinem Nordufer entlang, suchte seine Oberfläche mit einem guten Theodolitfernrohr ab und konnte zu meinem Schmerze nur konstatieren, daß das Boot wie seine Insassen verschwunden waren, während ich mich an der Abfahrtsstelle deutlich vergewissern konnte, daß das Fahrzeug in das Wasser geschoben war. Für mich stand es damals auf Grund der positiven Gewißheit, daß v. KNEBEL und RUDLOFF an jenem Tage den See befahren wollten, und ferner auf Grund des vorher erwähnten Zustandes des Bootes außer allem Zweifel, daß die Vermißten in dem See den Tod durch Ertrinken gefunden hatten.

Zunächst war ich jetzt fünf Tage allein in der Askja. So gut wie es menschenmöglich war, durchsuchte ich während dieser Zeit, die nicht arm an seelischen Aufregungen war, immer wieder die Umgebung des Sees. Dann kehrte Ögmundur zurück. Schon von weitem rief er mir zu: „Are you all living, Sir?“ Ich antwortete nichts. Er sah mein verstörtes Gesicht, kam schnell auf mich zugesprungen und fragte erregt noch einmal: „Are you all living?“ — „No,“ das war das einzige Wort, das ich über die Lippen brachte. Er sah mich an, faßte mich warm bei der Hand — ich fühle noch diesen Druck — und stammelte, ohne daß ich ihm schon irgend etwas mitgeteilt hatte: „The boat, the devil's boat!“ Sofort wurde gemeinsam alles von uns abgesucht. Auf dem Wege vom Zelt zur Abfahrtsstelle fanden wir ein Paar Handschuhe von RUDLOFF, die offenbar unterwegs verloren waren. Am 18. Juli waren auf meine Veranlassung Leute von der nächsten Ansiedelung herbeigekommen, deren Nachforschungen ebenfalls ergebnislos verliefen. Am 1. und 2. August wurde von mir eine große Suchexpedition veranstaltet, bei der mich 12 Isländer unterstützten. Ich ließ unter enormen Schwierigkeiten ein zuverlässiges Holzboot zur Askja transportieren.

1907. H. Sp.

Fig. 3. Farmer Thordur von Svartárkot, Ögmundur Sigurdsson und Jón Oddsen nach dem Suchen am 18. Juli 1907.

Die Pferde bluteten bis zu den Knieen. Das Boot liegt noch heute in der Askja, es konnte nicht zurückgebracht werden. Vornehmlich wurden die auf dem See schwimmenden Bimssteininseln durchsucht. Es wurde das eine noch unbeschädigte Ruder aufgefischt, ebenso ein hölzerner Deckel eines Kastens für den Barographen. Beide Gegenstände waren unbeschädigt. Ende September, als ich bereits die Rückreise zum Kontinent angetreten hatte, sind dann auf meine Veranlassung nochmals Isländer, die schon früher gesucht hatten und mit den Verhältnissen vertraut waren, in der Askja gewesen, aber ebenfalls resultatlos zurückgekehrt.

Das waren die großen Nachforschungen im Sommer 1907. Beurteilen wir vom Standpunkt des vorher niedergelegten Tatsachenmaterials die Ursache des Unglücks, so ist es klar, daß es sich lediglich um Erwägungen handeln kann, da niemand, auch ich nicht, Zeuge des Unglücks war. Aber die Vermutungen sind verschiedenwertig, und um zu einem möglichst einwandfreien Resultat zu gelangen, ist es unbedingt notwendig, alles Bekannte in den Kreis der Erörterung zu ziehen. Vornehmlich ist die Beschaffenheit des Bootes zur Zeit des Unglücks zu prüfen. War das Fahrzeug dergestalt, daß sich ein Unglück ereignen mußte, oder hing das Ertrinken von anderen, nicht vorherzusehenden und nicht mit dem Boot verknüpften Umständen ab? Ich glaube, der vorurteilslose Leser wird aus dem Dargelegten die Überzeugung gewonnen haben, daß sich in der Tat das Boot bei seinem Gebrauch nicht mehr in einem solchen Zustand befand, daß man sich ihm sicher anvertrauen konnte. Doch wäre es vorschnell, hieraus die Konsequenz zu ziehen, daß deshalb das Unglück notwendigerweise geschehen mußte. Es ist möglich, daß andere Gründe das Ertrinken verschuldeten, doch fällt auf die Möglichkeit den Tatsachen nach nur eine geringe Wahrscheinlichkeit.

Es mag das Unglück durch Bruch des einen, schon verbundenen Ruders veranlaßt sein. Vollzieht sich ein Brechen während des Ruderns, so erhält beim Aussetzen eines Schlages das Fahrzeug wie der Ruderer einen kräftigen Ruck, der bei der Kleinheit des Bootes leicht zum Umkippen geführt haben mag. Ein längeres Schwimmen in dem eiskalten Wasser — die Temperatur betrug am Unglückstage + 1° — wäre unmöglich gewesen. Oder aber treibende Eisblöcke oder die auf dem Wasser angesammelten Bimssteinmassen, die zwar mit einem derb gebauten Holzboot leicht zu durchstoßen sind, wie ich mich selbst zu überzeugen vermochte, nicht aber mit Segeltuch, mögen ein Leck geschlagen haben. Oder aber die Säure von Solfatarenabflüssen, die in den See gelangen, mögen ihren fressenden Einfluß auf das Segeltuch ausgeübt haben. Oder aber es ist beim Wechseln der Plätze, das bei der Kleinheit des Fahrzeuges äußerst vorsichtig ausgeführt werden mußte, ein Kentern erfolgt. Oder aber Steinschlag oder Bergsturz von den Ufergehängen des Sees brachten den Tod, doch erscheint dieser Gesichtspunkt mir deshalb recht unwahrscheinlich, weil v. Knebel die Steinschlaggefahr beim ersten Anblick des Sees gleich erkannt und mit mir oft darüber gesprochen hatte.

Auffallend könnte es erscheinen, daß die Leichen nicht gefunden wurden. Doch erwäge man die niedrige Temperatur des Wassers, die Schwere der Kleidung, wie die Tiefe des Sees, die über 150 m beträgt; es mußte also eine Zersetzung des Körpers außerordentlich langsam vonstatten gehen. Ferner werden dem Seeboden große Schlammengen zugeführt, auf die ich noch zu sprechen komme. Von dem Boot selbst etwas aufzufinden, war von vornherein ausgeschlossen, da eine Hohlform aus Bronzestangen und Segeltuch nicht Schwimmfähigkeit besitzt, wenn sie voll Wasser gelaufen ist.

Meine vorstehenden Angaben von Tatsachen sind im Jahre 1908 von H. Erkes an Ort und Stelle und bei den Isländern nachgeprüft und in vollem Maße bestätigt worden (Berliner Tageblatt, 37. Jahrg. Nr. 525, 14. Oktober 1908). Ich komme somit zu dem gleichen Resultat, das ich vom Unglückstag an vertreten habe und das mir später von allen Seiten bestätigt ist: v. Knebel und Rudloff sind am 10. Juli 1907 in dem See in der Askja in einem Boot ertrunken. Über die Ursache des Unglücks wird sich nie etwas Exaktes ermitteln lassen.

Über das Unglück brachte die deutsche Zeitungspresse eine Flut von Artikeln, die zum Teil auch in Fachzeitschriften übergegangen sind. Viele erschienen vor dem Eintreffen genauer Nachrichten und bauen sich daher lediglich auf Kombinationen auf, wie zwei von einer Karte begleitete Artikel im Berliner Lokalanzeiger vom 27. Juli 1907. Einige Mißverständnisse rühren daher, daß am 25. Juli ein längeres Telegramm von mir entstellt eintraf (abgedruckt im Geographischen Anzeiger, Jahrg. 1907). Den ersten guten Bericht für die Öffentlichkeit brachte ein Korrespondent des Berliner Lokalanzeigers am 26. August auf Grund von Informationen, die beim damaligen holländischen Konsul Havsteen in Akureyri eingezogen waren. Ich selbst gab eine kurze Darstellung über das Gelände, das sich seit Thoroddsens Anwesenheit beträchtlich verändert hatte, am 13. Oktober 1907 im Berliner Lokalanzeiger, die in viele Fachblätter überging. In isländischen Zeitungen erschien am 2. August 1907 ein ausführlicher Artikel im Nordri: Slystarirnar i Öskju. Kleine Notizen finden sich in vielen deutschen, englischen, dänischen und isländischen Blättern.

Mehr als einmal ist das Unglück auch in Reisewerken dargestellt worden. Den vergleichsweise besten Bericht hat P. Herrmann geliefert,[1] der von Ögmundur herrührt, aber mancherlei Miß-

[1] P. Herrmann, Island in Vergangenheit und Gegenwart. Bd. III. Leipzig 1910.

verständnisse aufweist, wie den Transport zweier Kähne zur Askja statt eines, oder die Mitteilung über das Auffischen eines „völlig eingedrückten Instrumentes“ statt eines unbeschädigten Instrumentenkastens, wie über meinen 24 stündigen Schlaf statt eines solchen von 12 Stunden und anderes mehr. Sonst enthält aber die Darstellung manche zutreffende Bemerkung über v. KNEBEL.

Eine gänzlich unzureichende Darlegung hat v. KOMOROWICZ gegeben.[1] Nicht nur sämtliche Namen sind entstellt, sondern auch die tatsächlichen Angaben entbehren einer richtigen Grundlage (z. B. der Vatnajökull sei 200 km entfernt statt 30 km, Lotungen seien beabsichtigt worden, obwohl gar keine Instrumente dafür vorhanden waren; Rudloffkrater und Knebelsee werden miteinander verwechselt).[2] Andere Berichte brachten W. KREBS[3] und G. SAALFELD.[4] Alle diese Autoren waren nicht an Ort und Stelle und schöpften ihre Angaben aus zweiter und dritter Hand.

Nach dem Unglück habe ich die Untersuchungen allein fortgeführt. Ich wandte mich nicht mehr dem Nordosten zu, sondern den Ostbergen und dem Süden bis Trölladyngjaskard und dem Norden westlich bis Jónsskard; so daß ich die Dyngjufjöll und Askja östlich einer Linie von Jónsskard bis Trölladyngjaskard erkundete. Über die Routen und die Zeitverteilung möge ein Auszug aus meinem Tagebuch orientieren. 1. Juli: Umgebung des Rudloffkraters. 2. Über die Höhen im Osten des Kraters zum Op, Durchquerung desselben und in den Nordosten der Dyngjufjöll. 3. Nordufer des Knebelsees bis zum Nordwesten (Abfahrtsstelle des Bootes), Querung der Askja bis Jónsskard und nach dem Nordosten. 5. Nordrand des Op. 6. Berge im Osten der Askja, Op und Ostrand einer Ebene in den nördlichen Dyngjufjöll, der Nordebene. 7. Das östlich anschließende Gelände. 9. Im äußersten Nordosten der Dyngjufjöll. 10. Ostrand der Dyngjufjöll nördlich des Opendes. 11.—15. Nach den Vermißten gesucht, dabei am 13. Rudloffkrater und Nord- und Westufer des Sees untersucht. 14. Askjaboden in der weiteren Zeltumgebung. 16. Westen des Sees und Pässe, die nach Süden

[1] M. v. KOMOROWICZ, Quer durch Island. Charlottenburg (o. J.) 1908. Im Berliner Tageblatt vom 7. Oktober 1907 teilte der Verfasser sogar den Fund der Leiche RUDLOFFS mit.

[2] Vgl. meine Besprechung in Petermanns Mitteilungen Bd. 55 Heft 5. Gotha 1909.

[3] W. KREBS, Die Rätsel des 10. Juli 1907 in ihrem geophysikalischen Zusammenhange. Deutsche Rundschau für Geographie u. Statistik. 31. Jahrg. Wien 1909.

[4] G. SAALFELD, Island. Sammlung gemeinnütziger Beiträge. Nr. 361. Prag 1908.

führen (Sudurskörd). 17.—18. Suchexpedition. Gebiet des Knebelsees. Zwei Isländer (Thordur von Svartárkot und Jón Oddsen) klettern mit großer Gefahr vom Westende des Südufers des Sees zum Ostende. 19. Berge im Osten des Sees. 20. Südosten der Dyngjufjöll. 22. Osten und Süden des Sees. 23. Südlich der Dyngjufjöll zwischen Sudurskörd und Südostecke. 24. Ostufer des Sees. 25. Südberge zwischen Sudurskörd und Trölladyngjaskard. Südhälfte des Askjabodens. 26. Nordrand der Askja zwischen Jónsskard und Nordebene. Betreten ihres Südens. 27. Jónsskard. 29.—31. Arrangement der großen Suchexpedition im Bárdardalur und in Akureyri. 31. Juli bis 1. August: 31stündiger Ritt von Akureyri zum Rudloffkrater. 2.—4. Knebelsee. 5. Durch Jónsskard nach Svartárkot.

An neuen topographischen Zügen wurde festgestellt: Der ungefähre Verlauf der Dyngjufjöll im Nordosten, Osten und Süden, die bis dahin fast gänzlich unbetreten und unbekannt waren. Die Nordebene wurde erkannt, ferner die nach Süden führenden Pässe aufgefunden. Gleichzeitig wurden die Veränderungen im Dyngjuvatn, Knebelsee und Rudloffkrater nach einer Beobachtungspause von 23 Jahren festgelegt. Von meinen Resultaten habe ich die „Hauptergebnisse“ gleich nach meiner Rückkehr in einer Arbeit im Beilageband zum Neuen Jahrbuch für Min., Geol. und Pal. niedergelegt; außerdem sind von mir noch eine Reihe kleinerer Mitteilungen veröffentlicht, meistens über Fragen, die noch nicht geklärt waren und in denen ich Anregungen zu geben hoffte, die mehrfach auch aufgegriffen worden sind. Das Nähere möge man aus der Titelzusammenstellung im Schriftenverzeichnis ersehen.

c) Seit dem Jahre 1907.

Das Unglück, das über der v. KNEBELschen Expedition gewaltet hatte, veranlaßte für 1908 zwei neue Reisen. Zunächst weilte H. ERKES im Juli dieses Jahres vier Tage und drei Nächte in der Askja. Das Zelt hatte er am Südfuß der Nordebene aufgeschlagen, von wo aus er das Gebiet um den Knebelsee wie den Westrand der soeben genannten Nordebene beging und dort ein Gelände erkundete, über das noch keine schriftliche Daten bekannt waren. Er publizierte seine Ergebnisse zunächst in der Zeitschrift des Dresdener Vereins für Erdkunde, ließ sie aber später in erweiterter Form selbständig in einem kleinen Buch erscheinen. In ihm sind einige Ungenauigkeiten der ersten Arbeit berichtigt, so daß ich mich nur an die zweite Schrift halten werde. Ein erster kurzer Bericht: Zum Untergang der v. KNEBELschen Islandexpedition, erschien am 31. Juli 1908 in der Rheinischen Zeitung (Nr. 176). Die gleiche brachte auch einen ausführlichen zusammenfassenden Artikel: Die Askja im Innern Islands.

Etwa einen Monat später kam zusammen mit H. RECK die Braut v. KNEBELS zur Askja, Fräulein v. GRUMBKOW. Vor Antritt ihrer Reise hatte sie als Mitbegründung des Unternehmens im „Globus" (Bd. 93 S. 272) veröffentlichen lassen, daß „ein Paket mit photographischen Platten, auf dem in der Handschrift v. KNEBELS der Vermerk »23. und 24. Juli 1907« stand", unter dem von mir nach Deutschland gebrachten Gepäck gefunden sei, worauf ich mich genötigt sah, im „Globus" auseinanderzusetzen, daß es sich 1. nicht um Platten, sondern ein Filmpack handele, 2. daß die Aufnahmen Bilder von Männern einer der Suchexpeditionen bringen und 3. daß die gänzlich verwischte Aufschrift von mir selber herrühre. Das Pack war in Akureyri zusammen mit anderen Gegenständen versehentlich in einen falschen Koffer geraten („Globus", Bd. 94 S. 34).

v. GRUMBKOW hat ihre Erlebnisse ausführlich in einem ansprechenden Reisebuche niedergelegt,[1] aus dem sich folgendes über die Routen, die eingeschlagen wurden, entnehmen läßt. Von Herdubreidarlindir abends am 14. August durch das Op; Zeltplatz südlich vom Rudloffkrater. 15. Gang zum Rudloffkrater und auf die Gehänge im Osten des Knebelsees. 16. Bergeinfassung im Osten und Südosten des Knebelsees. 17. Um den See über die Berge im Osten und Süden und zurück durch einen der Sudurskörd. 18. Rudloffkrater. 19. Über die Ostberge zum Op, RECK allein zur Nordseite des Op, gemeinsam auf der Askjaebene zum Zelt. 20. Beim Rudloffkrater. 21. Im Zelt wegen ungünstiger Witterung. 12. Fahrt auf dem Knebelsee. 23. Dasselbe. 24. Vorbereitungen zum Abritt. 25. $3^1/_2$ Uhr morgens Abritt durch Jónsskard. v. GRUMBKOW hat ebenso wie RECK sowohl nach wie vor der Reise betont, es sei von ihr eine systematische Erforschung der Dyngjufjöll und Askja ausgeführt. Inwieweit es zutrifft, möge der Leser aus den vorstehenden und noch folgenden Angaben selbst beurteilen.

Auch RECK hat über den Verlauf der Reise berichtet, und zwar im Tag.[2] Ferner hat er in den Abhandlungen der königl. preußischen Akademie der Wissenschaften eine umfangreiche Arbeit über die Dyngjufjöll und Askja gebracht. Prüft man ihre Basis,

[1] Vgl. meine Rezension im „Globus", Bd. 97 S. 34. 1910.

[2] Die dort gebrachte Behauptung, er sei als erster von Herdubreid zur Askja gekommen, trifft nicht zu. THORODDSEN hat es bereits 24 Jahre früher getan.

so ersieht man, daß sie in einem zehntägigen Aufenthalt, der noch durch Hin- und Rückreise wie durch vorübergehende Ungunst der Witterung gekürzt wurde, in dem mindestens 300 qkm großen Gebiet gewonnen wurde, wodurch es verständlich wird, daß die einheitlich durchgeführte Publikation des festen Rückhaltes an zahlreichen Beobachtungen entbehrt, die nun einmal für eine so umfassende und detaillierte Beurteilung, wie sie Reck für ein so ausgedehntes Gebiet vornimmt, unumgänglich notwendig sind. Unwillkürlich bedauert man bei all den scharfsinnigen Schlußfolgerungen, daß es dem Verfasser nicht vergönnt war, länger in dem Gelände zu weilen; er würde sich sicherlich überzeugt haben, daß ihm selbst nicht einmal die topographischen Großzüge der Dyngjufjöll bekannt waren, geschweige denn, daß die Grundlinien des geologischen Baues schon bloßgelegt sind. Es dürfte deshalb nicht verwundern, daß man bei einem längeren Aufenthalte in dem Gelände zu teilweise recht abweichenden Ergebnissen kommen kann und muß.

War 1909 niemand in den Dyngjufjöll gewesen, so war im August 1910 zunächst wieder Erkes dort, und zwar in Begleitung seines Sohnes. Nach freundlichen privaten Mitteilungen waren seine Routen die folgenden: Am 11. August von Svartárkot durch den Dyngjufjalladalur nach dem Süden der Sudurskörd, dort Zeltplatz. 12. Westen des Askjabodens. 13. Am Knebelsee und Rudloffkrater. 14. Außen um die östlichen Dyngjufjöll zum Op; über die Askja zurück. 16. Norden der Dyngjufjöll westlich bis zum Jónsskard. 17. Südwesten der Dyngjufjöll nördlich bis zum Trölladyngjaskard 18. Berge im Süden des Knebelsees. 19. Auf dem westlichen Askjaboden, Jónsskard und nach Svartárkot.

Diese Reise hat die topographischen Kenntnisse um drei wichtige Grundzüge bereichert. Der Dyngjufjalladalur war unbekannt gewesen; ein großes, West-Ost laufendes Tal in den nördlichen Dyngjufjöll, das Erkes bereits vermutet hatte, wurde aufgefunden; ebenso ausgedehnte erloschene Schwefelfelder in den südwestlichen Dyngjufjöll. Einen vorläufigen Reisebericht brachte Jónas Jónasson unter dem Titel: Heinrich Erkes in Nordurland vom 30. Juli (Akureyri 1910), ferner Erkes selbst im „Globus".

Bereits auf diesen Resultaten weiterbauend, weilte ich im nächsten Monat im gleichen Gelände, in Begleitung des Studenten E. Erkes und des Isländers Sigurdur Sumarlidason, der sowohl Reck und v. Grumbkow wie H. Erkes 1910 zur Seite gewesen war. Meine Routen waren folgende: 8. August Svartárkot, Dyngjufjalladalur. Zeltplatz auf der Ostseite am Südende. Besteigung der Westberge. 9. Südspitze der Dyngjufjöll ytri, Trölladyngja bis zur Spitze und zurück (ohne E. ERKES). 10. Westen und Südwesten der Dyngjufjöll. 11. Nordwesten der Dyngjufjöll bis Jónsskard, quer durch den Dyngjufjalladalur über die ytri bis zum Ódádahraun und zurück zum Zelt. 12. Durch den Dyngjufjalladalur zurück nach Svartárkot. 14. Von Svartárkot fast bis Jónsskard, über die östlich anstoßenden Höhen zur Ostseite der Nordebene (Zeltplatz). 15. Zum Nordosten der Dyngjufjöll, Kolotta Dyngja. Berge nordöstlich der eigentlichen Dyngjufjöll. 16. Rudloffkrater. Westrand der Nordebene bis zum Norden der Dyngjufjöll und zurück zum Zelt. 17. Durch das Op ins Ódádahraun, durch die nordöstlichen Dyngjufjöll zurück. 18. Durchs Op, Ostrand der Dyngjufjöll, Vadalda und zurück durch die nordöstlichen Dyngjufjöll. 19. Durchs Op nach Herdubreidarlindaá.

An wesentlichen neuen topographischen Zügen wurde ermittelt: der niedrigste Zugang der Askja von Norden, Öskjuvegur, in der Fortsetzung der Nordebene; Schlammpfuhle am Rande der Nordebene. Ein Gletscher in den östlichen, ein ganz junger Explosionskrater in den südwestlichen Dyngjufjöll. Bis auf eine kurze Notiz in Petermanns Mitteilungen habe ich bislang über diese Reise nur einen Vortrag vor der Leipziger Gesellschaft für Erdkunde publiziert.

Literaturverzeichnis.

JÓN SIGURDSSON. Skyrsla om eldgosid i Thingeyjarsýsly. Nordanfari 1875, p. 26; ferner Isafold, Jahrg. 1875, Brief aus Myvatnsveit vom 27. Februar 1875.

W. L. WATTS. 1. Skyrsla WATTS, Nordlingur 1875 (Original in der „Times", London 1875, nicht gesehen).

2. Across the Vatnajökull; or Scenes in Iceland. Mit 2 Karten und 2 Abb. London 1876.

3. Journey across the Vatnajökull, in the Summer of 1875. Journ. Roy. Geogr. Soc. Bd. 46. London 1876.

JÓN THORKELSSON. Dyngjufjallagosid. Nordlingur 1876, p. 149. Akureyri 1876.

F. JOHNSTRUP. 1. Indberetning om den af Professor Johnstrup foretagne Undersögelsesreise paa Island i Sommeren 1876. Rigsdagstidende for den 29de ordentlige Samling 1876—1877, Tillaeg B. Mit 2 Karten und 2 Abb. Kopenhagen 1877.

2. Om de 1875 forefaldne vulkanske Udbrud paa Island tilligemed nogle indledende geografiske Bemaerkninger. Mit 2 Tafeln. Geografisk Tidskrift I. Kopenhagen 1877.

W. G. LOCK. 1. Askja, Iceland's largest volcano with a description of the great lava desert in the interior and a chapter on the genesis of the island. Mit 1 Karte. Charlton 1881.

2. Askja, the largest volcano of Iceland; with a short description of the Ódáđahraun. Mit 1 Karte. Proceed. Geogr. Soc. London Bd. 3. London 1881.

E. Delmar Morgan. 1. Excursion to Askja, August 1881. Proceed. Roy. Geogr. Soc. London Bd. 4. London 1882.

2. A Chapter on Askja in J. Coles, Summer Travelling in Iceland. London 1882.

Th. Thoroddsen. 1. Ódáđahraun. Andvari XI—XII. Mit 1 Karte. Reykjavik 1885—1886.

2. Eine Lavawüste im Innern Islands. Petermanns Mitteil. Bd. 31. Mit 1 Karte. Gotha 1885.

3. Vulkaner i det nordöstlige Island. Bihang til K. Svenska Vet.-Akad. Handlingar Bd. 4 Afd. II Nr. 5. Mit 1 Karte, Profilen u. Abb. Stockholm 1888.

4. Vulkane im nordöstlichen Island. Mitt. der geograph. Ges. Wien. Bd. 34. Mit 1 Karte, Profilen und Abb. Wien 1891.

5. Lavaørkener og Vulkaner paa Islands Højland. Geograf. Tidskr. Bd. 18. Kopenhagen 1905—1906.

6. Island. Grundriß der Geographie und Geologie. Ergänzungshefte 152 und 153 zu Petermanns Mitteil. Gotha 1905—1906.

D. Bruun. 1. Nokkurar Eidibygdir rannsakadar sumarid 1897. Árbók hins íslenzka Fornleifafjelags. Reykjavik 1898.

2. Gjennem affolkede Bygder paa Islands indre Højland. Geografisk Tidskrift Bd. 14. Kopenhagen 1898.

H. Spethmann. 1. Dr. v. Knebels Islandexpedition im Sommer 1907. Vorläufiger Reisebericht. Mit 1 Karte. ‚Globus' Bd. 93. Braunschweig 1908.

2. Islandferd Dr. v. Knebels, sumarid 1907. Huginn, 2. Jahrg. Reykjavik 1908.

3. Innerisland. Mit 1 Karte. ‚Globus' Bd. 94. 1908.

4. Schneeschmelzkegel auf Island. Zeitschrift für Gletscherkunde Bd. 2. Leipzig 1907—1908.

5. Vulkanische Forschungen im östlichen Zentralisland. Neues Jahrb. für Min., Geol. und Pal., 26. Beilageband. Mit 6 Tafeln. Stuttgart 1908.

6. Der Nordrand des isländischen Inlandeises Vatnajökull. Zeitschrift für Gletscherkunde, Bd. 3. 1908—1909.

7. Beiträge zur Kenntnis des Vulkanismus am Mückensee. Mit 1 Karte. ‚Globus' Bd. 96. Braunschweig 1909.

8. Überblick über die Ergebnisse der v. Knebelschen Islandexpedition. Gaea, 45. Jahrg. Stuttgart 1909.

9. Der Aufbau der Insel Island. Zentralbl. für Min., Pal. und Geol. Jahrg. 1909. Stuttgart 1909.

10. Äolische Aufschüttungsringe an Firnflecken. Ebenda 1909.

Ögmundur Sigurdsson. Slysfarirnar i Öskju. Nordri II Nr. 32. Akureyri 1907.

H. Erkes. 1. Neueste geographische Forschungen zur Askja im östlichen Zentralisland. Verh. Ges. deutscher Naturforscher und Ärzte. Tagung Köln. Leipzig 1909.

2. Die Lavawüste Ódáđahraun und das Tal Askja im nordöstlichen Zentralisland. Mitt. Ver. f. Erdkunde. Dresden 1909.

3. Aus dem unbewohnten Innern Islands. Ódádahraun und Askja. Mit 1 Karte. Dortmund 1909.
4. Meine vierte Islandreise, Sommer 1910. „Globus" Bd. 98. Braunschweig 1910.

J. v. Grumbkow. Isafold. Reisebilder aus Island. Berlin 1909.

H. Reck. 1. Die Opfer des Askjasees. Der Tag, Jahrg. 1908, Nr. 310. Berlin 1908.
2. Das vulkanische Horstgebirge Dyngjufjöll mit den Einbruchscalderen der Askja und des Knebelsees sowie dem Rudloffkrater in Zentralisland. Abhandl. der königl. preuß. Akademie der Wissenschaften im Jahre 1910. Berlin 1910.

Die Entwicklung der topographischen Kenntnisse.

a) Die topographischen Formen.

Mehrfach sind den genannten Schriften kartographische Darstellungen der Dyngjufjöll und Askja beigegeben. Beginnen wir mit der Askja, weil ohne sie der Verlauf der Dyngjufjöll unsicher ist.

Der große isländische Mappeur BJÖRN GUNNLAUGSSON zeichnet die Askja auf seiner Karte als ein schmales, aber langes, nach Nordnordosten offenes Tal ein, das von den Dyngjufjöll eingefaßt wird, die gleich einem Pferdeschuh zwei lange, Nordnordost gestreckte Höhenzüge formen, die sich im Süden vereinigen, nach Norden aber offen auslaufen. THORODDSEN erklärt die Zeichnung damit, daß GUNNLAUGSSON wahrscheinlich vom Vatnajökull westlich vom Kistufell diesen Eindruck gewonnen habe, was bei der großen Entfernung in der Tat angängig ist. ERKES teilt mir brieflich eine andere Ansicht mit: Höchstwahrscheinlich ist GUNNLAUGSSON über einen der Sudurskörd gekommen, als er vom südlichen Ódádahraun auf die Dyngjufjöll kletterte, und hat von dort aus die Askja genau so gesehen, wie er sie in seine Karte eingetragen hat. Dann zog er über die jetzt am Knebelsee verschwundenen Berge nordöstlich zu gegenwärtig unter Bimsstein begrabenen Grasflecken. Diese Erklärung ist zweifellos sehr ansprechend.

LOCK teilt mit, daß vor Februar 1875 in Nordisland bekannt war, daß ein großer, beinahe kreisrunder Krater in den Dyngjufjöll läge, eine Nachricht, die ihm wohl mündlich mitgeteilt war. WATTS sah die Askja 9—10 km lang und 5—6 km breit, dreieckig im Umriß und von Bergen eingeschlossen, die ein Herz formen. Wie WATTS zu diesem Bilde gekommen ist, verstehe ich nicht recht. Von den Bergen bei dem jungen Eruptionsgebiete vermochte er sie wahrscheinlich schlecht zu überblicken, die Askja erscheint von dort in der Tat recht verzerrt. JÓN THORKELSSON gibt die Askja, die er einen Berg nennt (Fjallid Askja) zu nicht ganz einer dänischen Meile (7,5 km) Länge und zwei dänischen Meilen Breite an.

Obwohl Johnstrup die Askja auch einmal mit dem Ausdruck „Großes Tal“ belegt, gibt er ihre Form bei der genaueren Beschreibung doch richtig wieder: „man kann aber sagen, daß sie kreisrund ist, doch mit einer stark gebuchteten Begrenzung im Osten und Süden“, und mehrfach spricht der gleiche Autor von Kessel und kesselförmigem Tal. Ebenso stellt sie auch Caroc auf seiner Karte dar, die auf trigonometrischer Vermessung beruht: von Askja Op ab schön gebogen über Westen nach Süden und Südosten, dann mehrfach gebuchtet. Daß Reck in dieser Karte den Ausdruck einer sehr geschwächten Geradlinigkeit sieht, die nach den vier Haupthimmelsrichtungen orientiert ist und in Bogen ineinander übergeht, verstehe ich ebensowenig wie Johnstrup. Die Größe gibt Johnstrup zu ungefähr einer dänischen Quadratmeile an (56 qkm).

Lock nennt die Askja ein großes Amphitheater, beinahe kreisrund mit 17 englischen Meilen Umfang, was 27,2 km entspricht. Auch Morgan beschreibt sie als ein großes Amphitheater, etwa 6,4 km lang und 3,8 km breit,[1] so daß er sie also wie ein Oval gesehen hat.

Thoroddsen nennt sie in seiner Arbeit Ódádahraun beinahe kreisrund (naerri kringlótt), im „Petermann“ ein schalen- oder kesselförmiges Tal mit einem Areal von ungefähr 55 qkm, ein Maß, das wohl auf Johnstrup zurückgeht. Auch seine bei Perthes 1885 herausgegebene Originalkarte ist eine verkleinerte der Carocschen, nur daß die Erweiterung des Knebelsees eingetragen und ein kleines Stück östlich von Jónsskard geändert wurde, was bei dem bedeutend kleineren Maßstab (Caroc 1 : 80000, Thoroddsen 1 : 800000) und der eingeführten Schummerung wohl einem zeichentechnischen Mißgriff zuzuschreiben ist, da Thoroddsen nie in dieser Gegend gewesen ist und die Änderung in keiner seiner Arbeiten begründet. Die gleiche Karte bringt er 1878 und 1891 wieder. Um so mehr muß es auffallen, daß Thoroddsen auf seiner mit Unterstützung des Carlsbergfonds herausgegebenen Karte (1901) und der Höhenschichtkarte zu seinem Ergänzungsheft in Petermanns Mitteilungen (1905) die Askja als Quadrat darstellt. Es ist ein nachträglicher, mehr denn 20 Jahre nach dem Aufenthalt im Felde vorgenommener Eingriff, der auch nicht auf Literaturdarstellungen zurückgehen kann, da niemand inzwischen in der Askja war. Klar dürfte erhellen, daß der Autor auf Grund seiner Beobachtungen an Ort und Stelle zu dem gleichen Ergebnis wie Johnstrup und Caroc gelangt war und daß der Satz

[1] Die Genauigkeit dieser Zahlen ist scheinbar, da sie sich bei der Umrechnung ergibt.

Recks: „Mit geübtem Auge erkannte er [Thoroddsen] die rechteckige Grundform des Askjakessels und trug sie deutlich erkennbar in dieser Weise in seine große Karte Islands ein", nicht auf das Studium des Quellenmaterials zurückgeht. 1907 habe ich die Askja als einen breiten rundlichen Kessel mit mehr oder minder kreisförmigem Umriß bezeichnet oder „von hohem Standpunkte betrachtet, eine kreisförmige Figur. Im einzelnen ergaben sich natürlich mancherlei Abweichungen von der symmetrischen Form; Einbiegungen und Ausbuchtungen stellten sich ein, vornehmlich an der Ostwand".

Ebenso beschreibt sie ein Jahr später Erkes als Amphitheater mit unregelmäßiger Kreisform. Dem entspricht auch seine Karte (1 : 100000). Nimmt man die östliche Einbuchtung fort, ergibt sich meinem Auge eine Kreisform. Daß „auf seiner Karte von einer kreisförmigen Kontur nicht die Rede sein kann", wie Reck meint, finde ich eine zu starke Betonung der Abweichungen von der Symmetrie.

Recht abweichend stellt Reck die Hohlform dar, fast rein quadratisch mit Ausnahme einer Ausbuchtung im Südosten. Ganz kurze Bogenstücke verbinden die senkrecht aufeinanderstehenden Begrenzungslinien. So ist die Darstellung auf seiner Karte (1:200000). Im Text nennt er die Grundform der Askja ein Rechteck und bezeichnet die Dyngjufjöll als „vier paarweise rechtwinklig zueinander streichende Grenzgebirgszüge". Im „Tag" schildert er die Askja als ein „ziemlich genaues Rechteck von 8 km Breite und 10 km Länge". Von Reck ist dann noch das Urteil der Isländer über die Form der Askja herangezogen. Der Isländer nennt sie Askja, d. h. Kiste, Kasten, „und hat auf diese Weise mit vorurteilslosem Blick Form und Wesen der Askja richtig erkannt". Hierzu ist zu bemerken, daß damit über die Form zunächst etwas ganz anderes als ein viereckiger Kasten ausgesagt ist. Askja bedeutet nämlich Butterfaß oder Schachtel. Ganz anders beschreibt die Begleiterin von Reck, v. Grumbkow, die gleiche Hohlform: In allen Richtungen besitzt die Askja fast den gleichen Durchmesser von ca. 9 km!

Wie man aus den vorstehenden Darlegungen ersieht, sind recht verschiedene Ansichten über die topographischen Grundzüge geäußert worden, vom Kreis bis zum Quadrat. Schließt man Watts und Gunnlaugsson aus, so haben sich für eine mehr oder weniger rundliche Form ausgesprochen: Johnstrup, Caroc, Lock, Thoroddsen in seinen ersten Arbeiten, Spethmann, Erkes und v. Grumbkow. Jón Thorkelsson gibt die Form nicht genauer an, Morgan sah offenbar ein Oval, Thoroddsen stellt sie in seinen letzten Arbeiten als Quadrat dar, was ich schon zu begründen suchte, Reck hat sie als Rechteck wie als Quadrat wiedergegeben.

Um die Frage der Askjaform zur Entscheidung zu bringen, ist nichts besser geeignet als eine genaue Mappierung. Eine kritische Betrachtung über die kartographischen Darstellungen der Askja muß demnach auch einen Blick auf ihre mutmaßliche Form öffnen. Die erste Vermessung ist Caroc zu danken. Er war Offizier in der dänischen Marine und der Expedition Johnstrups ausdrücklich als Kartograph beigeordnet; teils sollte er mappieren, teils astronomische Standortsbestimmungen vornehmen. Es ist wohl kaum daran zu zweifeln, daß er diesen Aufgaben gewachsen war und Erfahrung in ihnen besaß, denn sonst hätte wohl nicht gerade er eine wissenschaftliche Expedition begleitet. Seine Instrumente werden nicht aufgezählt, wahrscheinlich, weil Johnstrup die Mitnahme eines Theodoliten oder Sextanten für selbstverständlich hielt; nur beiläufig wird an einer Stelle von Breitenbestimmungen gesprochen, woraus mir hervorzugehen scheint, daß die Peilpunkte und die Bezugnahme auf den trigonometrisch festgelegten Punkt Herdubreid nicht rohe Kompaßpeilungen sind, sondern auf Sextant oder Theodolit oder auf beide Instrumente zurückgehen, so daß die gewonnenen Resultate sich keiner geringen Exaktheit erfreuen. Ich habe die Karte Carocs im Maßstab 1 : 80000 unzählige Male mit der Natur verglichen und für die Form des Askjarandes, soweit sich nicht nachträgliche Veränderungen wie im Südosten ereignet haben, gefunden, daß die Genauigkeit fast die einer deutschen Generalstabskarte ist.

Die Locksche Karte 1 : 100000 ist hinsichtlich der Askja — die Veränderungen im Südosten natürlich ausgenommen — nur eine verkleinerte Kopie der Carocschen, ebenso meine im Maßstab von etwa 1 : 110000 (nicht 1 : 80000, wie die Originalzeichnung im Manuskript war und fälschlich angegeben ist). Auch der Karte von Erkes liegt offenbar die Carocsche Vermessung zugrunde. Welcher Instrumente sich Reck bei seiner von seinen Vorgängern so abweichenden Askjakarte bediente, ist nicht zu ersehen.

Karten über die Dyngjufjöll gibt es eigentlich erst zwei, von Erkes und Reck, da, wie schon gezeigt, die Darstellung von Gunnlaugsson nur eine unsichere Vermutung ist und nicht als Karte bezeichnet werden kann. Caroc deutet nur Jónsskard in Umrissen an und Lock bringt lediglich aus dem Norden einige Züge: ein von West nach Osten laufendes, breites und gletschererfülltes Tal wird eingezeichnet. Obwohl ich selbst bereits 1907 viel Material gesammelt habe, wagte ich doch nicht an eine kartographische Darstellung der Dyngjufjöll zu gehen, bevor ich aufs neue ins Gelände kam. Inzwischen gab Erkes eine Karte heraus (1 : 100000), die sich über die ganzen Dyngjufjöll erstreckt und auf Augenmaß basiert. Sie gibt die Natur nicht ungeschickt wieder und vermittelt südlich vom Nordende der Askja im großen ein zutreffendes Bild (verfehlt ist der Südwesten des Knebelsees), weckt aber im Norden, wie z. B. beim Ausgang des Dyngjufjalladalur, der Darstellung der Nordebene und im Nordosten keine richtige Vorstellung von der Natur. Trotzdem ist ihr ein hoher Wert beizumessen, indem sie alles Bekannte gesammelt hat und auf manches bislang Unbekanntes die Aufmerksamkeit gelenkt hat. Reck hat zwei Karten über die Dyngjufjöll publiziert, eine in dem Reisewerke v. Grumbkows und eine in seinem Buch über die Dyngjufjöll (beide 1 : 200000). Beide Karten sind in wichtigen Punkten verschieden, obwohl der Verfasser nur einmal an Ort und Stelle war. 1909 stellte er die Dyngjufjöll als im allgemeinen von Norden nach Süden und senkrecht dazu stehenden Bergzügen beherrscht dar, während 1910 diese Ansicht bis zum Extrem zur Darstellung gebracht wird. Dementsprechend wird z. B. 1910 die Nordebene, die 1909 einem Halbkreis nicht unähnlich war, in ein Quadrat verwandelt. An auffälligen Änderungen, über die alle keine Gründe angeführt werden, seien ferner hervorgehoben: Fortfall der Sudurskörd, Verlegung von Jónsskard, Änderung der Verteilung von Rücken und Tälern im Norden, die Dyngjufjöll südlich des Knebelsees.

Meine vorliegende Kartenskizze (S. 2) beruht für den Umriß der Askja auf Theodolitmessungen, die von einer Basis zwischen Rudloffkrater und Knebelsee vorgenommen wurden. Im übrigen fußt sie auf zahlreichen Kompaßpeilungen und Routenaufnahmen. Eine vorläufige Karte brachte ich in den Mitteilungen der Gesellschaft für Erdkunde zu Leipzig, Jahrg. 1912, nach einem dort am 1. Februar 1911 gehaltenen Vortrage; auf ihr ist der Maßstab fälschlicherweise 1 : 150000 anstatt 1 : 250000 angegeben.

b) Die topographischen Namen.

Von wem die Namen Dyngjufjöll und Askja stammen, ist unbekannt. Auch ihr erstes Auftreten in Schriften wird sich schwerlich genau festlegen lassen. Da unfern von den Dyngjufjöll im frühen Mittelalter ein Weg durch das Ódádahraun führte, geht das Wort, das Berge bei der Dyngja bedeutet, vielleicht schon auf diese Zeit zurück. Jedenfalls wurde der Name auf das ganze Gebirge angewandt, nicht nur auf seine Nordseite, wie Reck meint: „Dyngjufjöll pflegte man bisher zumeist nur das Gebirge im Norden des Askjakessels zu bezeichnen, während die ihn auf allen anderen Seiten begrenzenden Tuffzüge namenlos blieben". Reck bemerkt dann, daß er den Namen auf die Gesamtheit der Dyngjufjöll ausdehnt. In der ganzen Literatur seit 1875 ist er schon in diesem Sinne gefaßt.

Dem Namen Askja, der eigentlich Butterfaß, wie mir Ögmundur und Sigurdur sagten, nach Erkes Schachtel bedeutet, begegnet man wohl zuerst auf der Karte von Björn Gunnlaugson. Nach mündlicher Überlieferung im Mückenseegebiet soll er älteren Datums sein. Ebenso ist die Herkunft der Bezeichnung Dyngjufjalladalur unklar. Er soll nach Thoroddsen schon in Schriften des 18. Jahrhunderts erwähnt werden, man weiß aber nicht, was damit gemeint ist.

Die übrigen Namen des Gebirges lassen sich alle quellenmäßig belegen, mit Ausnahme der Bezeichnung Op, die wohl auf einen der Isländer, die 1875 und 1876 in der Askja waren, zurückgeht, oder auf Johnstrup. Vom letzteren stammt der Name Jónsskard, benannt nach Jón Thorkelsson, der den Paß ausfindig gemacht und ihn Vonarskard (Hoffnungspaß) genannt hatte.

Im Anfang der 80er Jahre erhielt eine Spitze am Nordfuß der Dyngjufjöll, die von Svartárkot aus markant zu erkennen ist, den Namen Lockstindur (Spitze des Lock), zur Erinnerung an W. C. Lock. Vielleicht ist sie identisch mit einem der beiden Vegahnukar (Wegspitzen), die Thoroddsen erwähnt; was genau gemeint ist, wird sich wohl nie mehr sicher ermitteln lassen. Das gleiche gilt für einen Vegklettur (Wegfelsen), der im Berichte Jón Thorkelssons steht.

Thoroddsen schuf den Namen Öskjuháls (Hals, Bergreihe der Askja), eine niedrigere Bergreihe, die „sich nördlich von der Öffnung der Askja von der Hauptmasse der Dyngjufjöll aus nach Osten" zieht.

Als v. Knebel 1907 mit einer Spezialuntersuchung begann, machte sich der Mangel an Namen recht fühlbar. Ich habe mich durch teilweise Numerierung der Erhebungen, wie durch deutsche Namen, die irgend einen charakteristischen Zug wiedergaben, über die Schwierigkeit hinweggesetzt, v. Knebel in ähnlicher Weise. Gemeinsam nannten wir den Paß, der im Südwesten der Askja zur Trölladyngja führt, Trölladyngjaskard (Trölladyngjapaß; skard gleich scharte). Der Name stammt von v. Knebel. Ohne hiervon zu wissen, nannte Erkes den Paß ebenso. Nach dem Tode meiner beiden Gefährten habe ich den See im Südosten der Askja Knebelsee (isl. Knebelvatn), den Krater in seinem Nordosten Rudloffkrater (isl. Rudloffgigur) getauft.[1] Sie waren bis jetzt auf keiner Karte verzeichnet gewesen, meistens sprach man von „dem" Krater und von „dem" See. In Schriften waren sie gelegentlich als Bimssteinkrater oder Askjasee oder Askjakrater bezeichnet, und zwar in isländischer, dänischer, deutscher und englischer Sprache, so daß mir eine Namengebung geboten schien. Sie bürgert sich in die Literatur und die Handatlanten ein. 1910 hat H. Erkes dann noch eine Reihe neuer Namen aufgestellt, die sehr feinsinnig ausgewählt sind. Von Osten nach Westen unterscheidet er am Nordrand der Dyngjufjöll: Likkista (Sarg), Kollur (Schädel), Háihnukur (Hohe Spitze). Ein Tal in den nördlichen Dyngjufjöll: Sigurdurskard, nach Erkes, später meinem sehr tüchtigen isländischen Begleiter im Sommer 1910, Sigurdur Sumarlidason; ferner in den südlichen Dyngjufjöll die beiden Pässe Sudurskörd (Südpässe; verdruckt in Gudnaskard), Wattsfell (Watts Berge) westlich von ihnen und Thoroddsenstindur (Thoroddsenspitze). Mit letzterem Namen wurden von ihm die höchsten Bergzüge der Dyngjufjöll belegt, die sich unmittelbar südlich und südöstlich des Knebelsees erheben. Ursprünglich hatte Erkes diese Berge, die zu Ehren Thorvaldur Thoroddsens so getauft sind, Thorvaldsfjall (ebenda) genannt. So sehr ich von dem überaus glücklichen Griffe der übrigen Namen überzeugt bin, so wenig vermag mich dieser zu befriedigen. Thoroddsen ist in der wissenschaftlichen Welt unter dem Namen Thoroddsen bekannt und nicht unter Thorvaldur. Pflegt zwar der Isländer nach dem Rufnamen zu benennen, so hält er sich bei Thoroddsen entschieden nicht streng an diese Regel; ich habe wenigstens mehr Thoroddsen als Thorvaldur gehört. Auf alle Fälle aber ist sicher, daß jeder Isländer bei dem Worte Thoroddsen sofort wissen wird, wer gemeint ist, so daß mir unter diesen Umständen die Umänderung in Thoroddsensfell geboten schien. Da mir Herr Erkes schrieb, daß dieser zwar richtig gebildete Ausdruck schlechtes Isländisch sei, so haben wir uns auf den Vorschlag von H. Erkes auf Thoroddsenstindur geeinigt.

Ich selber habe 1910 noch einige der topographischen Grundzüge benannt, weil es die Beschreibung erforderte. Einen kleinen Berg südlich der Likkista: Littla Likkista (kleiner Sarg). Den Nord-Süd gestreckten Paß, der zwischen den beiden Likkista und den nordöstlichen Dyngjufjöll gelegen ist: Eystriskard (Ostpaß). Die

[1] Zuerst von mir veröffentlicht in dem Artikel: Zur v. Knebelschen Islandexpedition. „Berliner Lokalanzeiger" und „Tag" vom 13. Oktober 1907.

Niederung in den Dyngjufjöll zwischen dem Westende des Op und dem Nordfuß der Dyngjufjöll: Öskjuvegur (Askjaweg). Den Westbergen habe ich keinen Namen gegeben, da hier die Angabe der Himmelsrichtung für das Stück zwischen Jónsskard und Trölladyngjaskard genügt. Daß die Südberge zwei verschiedene Namen in Wattsfell und Thoroddsenstindur erhalten haben, kann man nur billigen, da die Berge zu beiden Seiten der Sudurskörd in Form und Lage recht verschieden sind. Das Stück zwischen Thoroddsenstindur und dem Op werde ich kurz als Ostberge bezeichnen.

Das Relief.

a) Die Verteilung des Reliefs.

Die Erhebungen südlich der Eingangspforte zur Askja besitzen eine relative Höhe von 200—300 m. Sie tragen ein unruhiges Oberflächenrelief bei einer Breite von $1^1/_2$ km, das gen Süden langsam ansteigt. Tiefe, ausgesprochene Täler fehlen so gut wie ganz,

1907. H. Sp.

Fig. 4. Die Dyngjufjöll im Osten des Rudloffkraters. Im Vordergrunde der Außenabfall des Kraters.

nur am Rande zieht eine Reihe von Schluchten ins Op und ins Ódádahraun hinab. Doch kann man im allgemeinen nicht von einem Steilabfall des Randes sprechen; nur an dem Ostufer des Knebelsees ist ein solcher vorhanden, der eine schmale Zone am Wasserspiegel frei läßt. Bei dem anstoßenden Thoroddsenstindur

1907. Fig. 5. Abfall der südl. Ostberge der Dyngjufjöll zum Knebelsee. H. Sp.
Im Vordergrund der Schacht des Rudloffkraters.

1907. Fig. 6. Thoroddsenstindur und Ostberge von den breiten H. Sp.
Flächen der Westberge nördlich Trölladyngjaskard. Rechts die Wattsfell.

1907. Fig. 7. Kamm von Thoroddsenstindur von Süden. H. Sp.

1907. Fig. 8. Spitze des östlichen Wattsfell. H. Sp.

verschwindet die Breitenentwicklung der Oberfläche der Dyngjufjöll und macht einem ausgeprägten Kamm Raum, der gen Norden in einer fast senkrechten Wand zum See hinabstürzt und auch im Süden ein steiles Gehänge aufweist. Er verkörpert die größten Höhen in den Dyngjufjöll, etwa 350 m. Scharf fallen sie auch nach Westen ab, wo sich eine größere Lücke in den Dyngjufjöll öffnet, die von den Sudurskörd eingenommen wird, mehreren eng einander benachbarten Pässen, die eine niedrige Verbindung des Askjabodens mit dem südlichen Ódádahraun vermitteln. Im Südwesten der Dyngjufjöll ist noch eine zweite derartige Einschartung, das Trölladyngjaskard. Zwischen beiden erheben sich die dreigipfeligen Wattsfell, die bedeutend weiter südlich als Thoroddsenstindur gelegen sind und sich mit hohem Böschungswinkel erheben.

Jenseits von Trölladyngjaskard nehmen die Dyngjufjöll wieder einen breiteren Raum ein, indem sie steil im Westen in den Dyngjufjalladalur und vielfach fast senkrecht zur Askja abfallen. In dieser Art ziehen sie sich bis zum Jónsskard hin, dabei im Nordwesten eine flache Ebene bildend, die im Westen und Südwesten von Tälern durchfurcht ist, von denen ein mittleres den Charakter einer tiefen Schlucht trägt. Besonders bemerkenswert ist am Abfall zur Askja eine große Spalte, die von der Askja aus in die Berge eingeschnitten ist, und etwas weiter nördlich eine Nadel unter den Erhebungen am Askjarande, an einer leicht kenntlichen Stelle, da unmittelbar südlich von ihr sich eine halbkreisförmige Vertiefung im Gelände vorfindet. Etwa in der Mitte zwischen dieser und Jónsskard liegt die höchste Erhebung in den westlichen Dyngjufjöll, kein markanter Berg, sondern gleichsam nur eine Anschwellung.

Der Paß Jónsskard verkörpert eine deutliche Scheide zwischen den westlichen und nördlichen Dyngjufjöll. Er kulminiert am Rande der Askja, von wo er scharf zum Kessel abbricht, dagegen langsam sich gen Nordwesten senkt. Er ist also ein Tal, das in der Luft über dem Askjaboden ansetzt. Sind die Berge in seinem Westen geschlossen, so werden sie im Osten durch ein breites Ost-West gerichtetes Tal gegliedert, das zwei Reihen von Erhebungen voneinander trennt, den Háihnukur und einige Fortsetzungen von ihm am Außenrand und einen namenlosen Zug, der an der Askja entlang läuft. Beide erstrecken sich jedoch nicht weit nach Osten, sondern enden an einer bedeutend tiefer gelegenen Ebene, an der auch das Sigurdurskard abschließt. Ist dessen höchster Punkt niedriger als Jónsskard, so ist der höchste Punkt der Ebene wiederum niedriger als das Sigurdurskard, die somit die niedrigste Verbindung zwischen der Askja und dem Nordfuß der Dyngjufjöll vermittelt, da sie in dieser

Richtung in ein nach Norden fallendes breites Tal übergeht. Die Ebene bildet mit dem Tal den Öskjuvegur. Es ist der gebotene Weg für den, der leicht von Svartárkot zur Askja will. Nur am Askjarand fällt die Ebene etwa 40—50 m steil ab, was sich aber an beiden Seiten unschwer umgehen läßt. Im Norden der Ebene liegt als höhere Erhebung der Kollur, während sich im Osten eine Serie kleinerer Berge anschließt, die zwar meistens die Ebene überragen, aber im Verhältnis zu den übrigen Dyngjufjöll der tiefste Teil des Gebirges sind. Damit sind wir bei unserem Rundgang wieder beim Op angelangt, das ein Tal von etwa einem Kilometer Breite hat, sich sanft nach Osten neigt und im großen eine gerade Erstreckung aufweist, so daß man hindurchsehen kann. Eine genaue Betrachtung der Randgehänge zeigt allerdings mancherlei Vor- und Rücksprünge, namentlich auf der Südseite.

Der Askjaboden ist ganz eben und sanft gen Nordosten geneigt. Im Südosten befindet sich in einer Einsenkung der schon genannte Knebelsee.

Den eigentlichen Dyngjufjöll sind im Westen wie im Nordosten eine Reihe von Erhebungen vorgelagert. Im Nordosten bestehen sie der Hauptsache nach aus zwei sargförmigen Bergen, einem größeren nördlichen, den man schon vom Heilagsdalur und von der Andyssastadirheidir (östlich vom Bárdardalur) wahrnehmen kann. Der kleinere liegt etwas südlich. Sie sind die Likkista und die Littla Likkista. Diese Erhebungen werden von den eigentlichen Dyngjufjöll durch das Eystriskard getrennt, ein breites Tal mit einer Paßhöhe, die südlich der Mitte liegt.

Im Westen wird der Fuß der eigentlichen Dyngjufjöll von einem ausgesprochenen Tal begleitet, dem Dyngjufjalladalur. Sich von Süden aus trichterförmig verengend, bleibt es in seiner ganzen Nordhälfte schmal, schneidet sich dafür aber scharf ein, um sich dann allmählich mehr zu verlieren als scharf abzuheben. Es fällt einheitlich von Süden nach Norden, so daß man von Süden aus hindurchzublicken vermag und ungefähr auf die Gegend östlich vom Bláfjall schaut, während von seiner Nordhälfte aus der Berg selber im Hintergrund steht. Es wird in seiner ganzen Länge von einem kleinen Fluß durchzogen, der auf den südwestlichen Dyngjufjöll entspringt, am Norden des Tales nach Nordwesten abbiegt, um dort unter einem Lavastrom zu verschwinden, aber an seinem anderen Ende in Gestalt der Sudurá wieder zutage zu treten. Es fließt also der Oberlauf der Sudurá durch den Dyngjufjalladalur, in dem er noch durch die Schmelzwasser, die vom Jónsskard und den westlichen Dyngjufjöll herabkommen, vermehrt wird. So trifft die schon vor drei Jahrzehnten von MORGAN ausgesprochene Vermutung zu, daß die wahren Quellen der Svartá (gemeint ist Sudurá) wahrscheinlich in den Dyngjufjöll liegen, außerhalb derer ihr Wasser unter der Erdoberfläche verschwinden wird.

Westlich vom Dyngjufjalladalur zieht sich ein niedriges Hügelland hin, wie schon THORODDSEN 1885 aussprach. Es erhebt sich beträchtlich weniger hoch als der Durchschnitt der eigentlichen Dyngjufjöll und verliert gleichfalls von Süden nach Norden an Höhe. Das sind die Dyngjufjöll ytri, die sich nach Süden und Norden zuspitzen und ungefähr in ihrer Längsmitte eine Einschnürung besitzen, sonst aber sowohl im Westen wie im Osten ungefähr parallel zueinander laufen und meridional begrenzt werden.

b) Die Höhen des Reliefs.

Für dieses Relief liegt noch sehr wenig Material an Höhenbeobachtungen vor. JOHNSTRUP, LOCK, MORGAN und THORODDSEN haben in ihren Reisebeschreibungen Daten niedergelegt, CAROC, ERKES und RECK geben mehrere auf ihren Karten. LOCKS Eintragung in die Karte beruhen offensichtlich nur auf umgerechneten Werten CAROCS. Was bis jetzt an Originalmaterial veröffentlicht ist, habe ich in der umstehenden Tabelle zusammenzustellen versucht.

Ich selbst habe 1907 und 1910 etwa 200 Höhenmessungen mit Schleuderthermometern und je einem Aneroid ausgeführt, das mit einem Siedethermometer kontrolliert wurde, so daß meine Bestimmungen besser ausgefallen sind, als ich zuerst mutmaßte. Eine große Schwierigkeit war bei der Anbringung der Korrektionen der Mangel jeglicher Basisstation. Sowohl die Nordküste wie die Ostküste schien mir kein besseres Vergleichsmaterial zu bieten als folgendes Verfahren. Ich suchte die Höhe des Zeltplatzes von 1907 möglichst genau durch das Mittel aus 30 Ablesungen festzulegen. Der Zeltplatz lag bei den Ablesungen bis zum 17. Juli am oberen Rande vom Rudloffkrater, nach Augenmaß etwa 8 m höher als später, wo er etwas vom Kraterrande verlegt wurde. Die exakte Niveaudifferenz war insofern schwer einzuschätzen, da das Außengefälle des Kraters sehr gering ist. Um eine richtige Vorstellung der verschiedenen Ablesungen zu geben, führe ich die beiden Zahlenreihen auf.

I. 1071, 1081, 1115, 1100, 1091, 1066, 1058, 1064, 1086, 1112, 1032, 1030, 1018, 1046, 1076, 1036. Mittel: 1068 m.

II. 1006, 1083, 1086 (Messung mit Siedethermometer), 1081, 1051, 1056, 1035, 1057, 1064, 1083, 1056, 1064, 1060, 1078. Mittel: 1061 m.

Ort	Autor	Höhe in Metern
Trölladyngjaskard	ERKES	1200
Rudloffkrater	JOHNSTRUP-CAROC	1149
„	RECK	1100
Höhen südöstlich des Knebelsees	ERKES	1500
Askjaebene am Rudloffkrater	JOHNSTRUP-CAROC	1136
„ „ „	THORODDSEN	1105
Askja Op, Mitte am Westende	JOHNSTRUP-CAROC	1102
„ „ „ „ „	ERKES	1000
Askja Op gen Osten	THORODDSEN	1029
Askja nahe dem Westfuß von Öskjuvegur	JOHNSTRUP-CAROC	1130
„ „ „ „ „ „	THORODDSEN	935
Öskjuvegur, Mitte	ERKES	1050
Südfuß von Jónsskard	JOHNSTRUP-CAROC	1193
„ „ „	MORGAN, Aneroid	1070
„ „ „	MORGAN, Siedethermometer	1268
„ „ „	ERKES	1100
„ „ „	RECK	1190
Jónsskard	JOHNSTRUP-CAROC	1335
„	ERKES	1300
Berg östlich von Jónsskard	JOHNSTRUP-CAROC	± 1413
Sogen. Terrasse nördlich von Jónsskard	LOCK	± 1007
Sogen. untere Terrasse dort	THORODDSEN	804
Lavaebene unterhalb Jónsskard	JOHNSTRUP-CAROC	573[1]
„ „ „	THORODDSEN	563

Das Mittel jeder Gruppe ergibt 7 m Unterschied. Da 8 m geschätzt waren, so dürfte die Höhenlage der beiden Zeltplätze durch die Mittelbildung ziemlich genau festgelegt sein. Weil der zweite Zeltplatz noch etwas über dem benachbarten Askjaboden lag, so habe ich eine Höhe von 1060 m zugrunde gelegt und darauf alle meine anderen Höhenmessungen reduziert unter Berücksichtigung der jeweiligen Barometerstände am Morgen und Abend im Zelt. Derart ergaben sich folgende Höhenangaben:

Lavastromhöhe des Op, Südwestecke	1028
„ „ „ Nordwestecke	1040
„ „ „ Mitte des Westendes	1044
„ „ „ am Fuß des 2. Steilabfalles im Norden	944
„ „ „ Ostecke d. 4. Nische auf d. Nordseite	987
„ „ „ Südostgrenze	921
Opausgang	944

[1] Nach THORODDSEN.

Ódádahraun daselbst	871
Westrand des Öskjuvegur an der Askja	1084
Zeltplatz 1910, Ostrand des Öskjuvegur	1050
Nordöstlich von Jónsskard	1173
Gehänge beim Zelt 1907	1126
„ „ „ „	1124
Spitze im Osten des Rudloffkraters	1326
Wand östlich der Solfataren im Südosten	1385
Solfataren im Südosten	1350
Sudurskörd	1219
Wattsfell, Westspitze	1270
Zeltplatz im Dyngjufjalladalur	800
Ytra Nes	895
Dyngjufjöll Ytri, Mitte	816
Bergspitze der südöstlichen Dyngjufjöll beim Zelt	1155
Höhe der Westberge bei Jónsskard	1339

Außerdem sind von mir noch etwa 20 Messungen in den nordöstlichen Dyngjufjöll ausgeführt. Sie bewegen sich zwischen 1099 m vom Ostrand des Öskjuvegur und sinken bis 986 m an der Grenze zum Ódádahraun. Sie im einzelnen hier aufzuführen, wäre wertlos, da ich keine Karte der Positionen zu bieten vermag, sie einer Beschreibung nach aber nie identifiziert werden könnten.

Wie aus einem Vergleich sämtlicher Messungen erhellt, sind meine Zahlen im allgemeinen etwas niedriger als die meiner Vorgänger. Werden meine Resultate sicherlich später noch mancherlei Verbesserungen erfahren, so dürften sie doch über die großen orographischen Züge ein orientierendes Bild versinnbildlichen. Jedenfalls bergen die Dyngjufjöll nicht den höchsten Punkt Islands, wie Lock erwartet, sondern dieser, im Oraefajökull, übertrifft sie um über 700 m. Die östlichen Südberge sind die höchsten Erhebungen, die Westberge und die Ostberge erreichen ungefähr die gleiche Höhe, jene östlich von Jónsskard verkörpern den niedrigsten Teil.

Das Klima.

a) Temperatur und Niederschlag.

Über die klimatischen Verhältnisse in den Dyngjufjöll ist man natürlich nur äußerst dürftig unterrichtet; kann es sich gemäß der Aufenthaltszeit der Forscher doch nur um gelegentliche Stichproben handeln. Vergleichsweise am geringsten ist die Kenntnis der Temperatur, über die während meines Aufenthaltes im Sommer 1907 ein Thermograph, der nach geprüften Schleuderthermometern eingestellt wurde, unweit vom Zelt, unbeeinflußt vom Rudloffkrater registrierte. Die Aufzeichnungen vom 8.—26. Juli — die übrigen sind verloren gegangen oder unterblieben — gibt die nachstehende Tabelle in Form dreimaliger Tagesbeobachtungen wieder. Wie sich

Temperatur im Juli 1907. Grad C.

Tag	7 a	2 p	9 p	$\frac{7+2+2\times 9}{4}$	höchste		niedrigste	
					Grad	Zeit	Grad	Zeit
8	—	−2	−3,5	—	−1	11 a—1 p	—	—
9	−1	3	2	1,5	4	4 p	−5,5	3 a
10	4	6,5	4	4,6	7,5	3 p	1	12—2 a
11	1,5	2	−1,5	0,1	4	11 a	−2	11—12 p
12	−1	3	−1,5	−0,3	3,5	1 p	−2,5	2—4 a
13	2	6	2,5	3,3	8	4 p	−2	12—4 a
14	0	6	5,5	4,3	9	11 p	−0,5	8 a
15	9	12	8,5	9,5	12,5	2—5 p	5	1 a
16	10	15	11	11,8	15,5	2 p	5	0 a
17	14	17	11,5	13,5	18	1 p	8,5	4 a
18	11	14,5	—	—	16	11 a	6	2 a
19	—	12	8,5	—	14	11 a	—	—
20	10	12	8	9,5	13	11 a	6	2 a, 10 p
21	10	9	7	8,3	10,5	1 p	4	11½ p
22	9	14	9	10,3	18	4½ p	3,5	3 a
23	12	16	9	11,5	19	4½ p	6,5	3—4 a
24	9	14	5	8,1	18	11 a	2	2 a
25	11	13	4	8,0	14	11 a	−0,5	3 a
26	9	9	2	5,5	10	10 a	0	1 a
Mittel	7,0	9,6	5,1	6,8	11,2	—	2,0	—

zeigt, ist die Temperatur während dieser Zeit recht hoch, im Tagesmittel 6,8° und um 2^h p 9,6°. Das Mittel der niedrigsten Temperaturen beträgt + 2°, während die absolut tiefste Messung nur — 5,5° anzeigt.

Deutlich läßt sich aus den Zahlenreihen das Einsetzen des Sommers am 15. Juli verfolgen. Er dauert normal etwa bis Mitte August, doch treten Anfang August bereits wieder starke Nachtfröste auf, wie denn überhaupt die Gegensätze zwischen Tag und Nacht recht ausgesprochen sein können. An dem Tage zur Jökulsá, am 19. August 1910, betrug die Temperatur kurz vor Sonnenaufgang etwa — 10°, Mittags war sie etwas über 20°. Erkes maß 1908 einmal 7^h a: 0°; 4^h p: ∓ 29°; 10 p 0°; 2—3^h a — 7°. Da die nächste metereologische Station, Mödrudalur im Ostland, 50 km entfernt ist und von ihr eine 15jährige Reihe von Beobachtungen vorliegt, so geben uns die dort erzielten Ergebnisse einige ungefähre Anhaltspunkte für den jährlichen Temperaturgang in den Dyngjufjöll. Die für Mödrudalur ermittelten Werte sind nach Thoroddsen[1] folgende:

Januar	Februur	März	April	Mai	Juni	Jahr
— 7.8°	— 7.0°	— 7.2°	— 2.1°	+ 2.9°	+ 8.2°	— 0.4°
Juli	August	Septbr.	Oktbr.	Novbr.	Dezbr.	
+ 9.9°	+ 7.2°	+ 3.9°	— 1.4°	— 4.7°	— 6.8°	

Die Station Mödrudalur liegt gegen 600 m über dem Meeresspiegel, ist also rund 400 m tiefer gelegen als der Punkt, an dem die aus der Askja mitgeteilten Beobachtungen vom Juli 1907 gewonnen wurden.

Als besondere meteorologische Erscheinung des Askjabodens sind Windstöße zu erwähnen, die schon Lock auffielen. Sie entstehen im und über dem Rudloffkrater, der starke Temperaturdifferenzen in der Luft hervorruft, und eilen über den benachbarten Askjaboden fort, um sich nach kürzerem oder längerem Lauf wieder aufzulösen. Die Luft wird einige Sekunden lang außerordentlich intensiv bewegt und stößt heftig, dann eine Pause von etwa einer Minute, und von neuem ein Wirbel. Am 14. Juli 1907 hatte ich sehr unter ihnen zu leiden und dagegen zu kämpfen, daß das Zelt nicht zusammenbrach. Um es zu verhüten, mußte ich mich von innen gegen jene Zeltwand stemmen, die dem Rudloffkrater zugewandt war. Der Gedanke Locks, daß diese Windwirbel vom Vatnajökull stammen, darf wohl ohne nähere Begründung zurückgewiesen werden.

---

[1] Th. Thoroddsen, Lysing Islands, Bd. 2. Kopenhagen 1910.

Trotz der vergleichsweise hohen Temperatur fällt der meiste Niederschlag in Form von Schnee. Oft waren die Berge in der Frühe mit einer dünnen weißen Decke überzogen, die aber gar bald schwand. Regen habe ich 1907 notiert am 12. Juli 3 mm, am 14. 9 mm und am 15. 7 mm, am 20. $1^1/_2$ mm, am 21. 2 mm. Er war oft mit Schnee vermischt und trat selten in Form eines Landregens auf, gewöhnlich in Gestalt von Schauern. Zumeist fällt der Niederschlag bei nördlichen und östlichen Winden, die fast durchgehends schlechtes Wetter bringen; jedoch war der 13. Juli 1907 bei schwachem Nordost ein schöner Tag. Winde aus Südwest und West pflegen hingegen gute Witterung zu bescheren, da ihre Feuchtigkeit sich schon auf den Eisfeldern im Innern der Insel ausgeschieden hat. Bei ruhiger, klarer Luft stellen sich gern auf dem Thoroddsenstindur und anderen Bergspitzen leichte Nebel ein. Kommt jedoch nach einer längeren Zeit solcher Tage ein Umschlag, so zieht der Nebel aus dem Norden heran, durchs Jónsskard und durch den Öskjuvegur und bisweilen auch durchs Op und erfüllt die Askja in sehr kurzer Zeit. Durchs Op zieht an klaren Tagen auch der Morgennebel, der dann in der Frühe über dem Ódâdahraun steht, zur Askja, löst sich aber schnell in ihr auf, wie er denn überhaupt bei etwas höherem Stande der Sonne sofort verschwindet. Schon Lock beschreibt diese wirklich schönen Morgennebel, die ich selbst namentlich 1910 beobachtet habe.

Das gegenseitige Verhältnis von Temperatur und Niederschlag ist maßgebend für die Schneebedeckung. 1907 waren am 1. Juli nicht nur noch die ganzen Dyngjufjöll verschneit, sondern sogar der Askjaboden tief unter Schnee begraben. Lediglich die allernächste Umgebung des Rudloffkraters entbehrte der Bedeckung; deshalb mußte seinerzeit das Zelt so dicht am Kraterrand aufgeschlagen werden, da hier der Boden durch die Exhalationen gänzlich trocken war, während er schon in einigen Metern Entfernung in eine glitschige und klebrige Masse überging. Etwa vom 7. Juli ab schwand die Schneedecke auch in der weiteren Umgebung des Kraters, und am 15. Juli war etwa die Hälfte des Askjabodens schneefrei. 1910 lagen diese Verhältnisse beträchtlich günstiger. Schon Anfang Juli war die Schneedecke in einzelne Teile aufgelöst, im August sah ich überhaupt keinen Schnee mehr in der Askja. Der Rückgang auf ihrem Boden erfolgt etwas — nicht viel — früher als auf den umliegenden Bergen. Ich sehe in diesem kleinen Zeitunterschied nicht den Einfluß der allseitigen Einfassung der Askja, sondern eine einfache und natürliche Folge ihrer tieferen Lage. Daß der Schnee sich im Op bedeutend länger hält als in der Askja, vermag ich nicht durch Beobachtung zu bestätigen, wohl aber stimme ich Reck zu, daß mit Ausnahme der Umgebung des Rudloffkraters nicht innere Erdwärme den Schmelzprozeß namhaft beeinflußt. Zwar wird der Askjaboden, wie schon Johnstrup bemerkt, zuerst in seinen mittleren Partien schneefrei, aber nicht gleichmäßig, sondern dort bleiben regellos größere Streifen liegen, wie ich 1907 sehr schön verfolgen konnte und auch mir vorliegende photographische Aufnahmen von Erkes aus dem Juli 1910 bezeugen.

Trotz der reichen Schneeniederschläge und der hohen Lage des Gebirges ist die Gletscherentwicklung äußerst gering. Bleiben in kalten und feuchten Sommern die höchsten Erhebungen ständig unter Schnee begraben, so schwindet er jedoch in warmen und klaren Sommern auch von den Spitzen der Berge. Nur in Vertiefungen, die nach Nordosten gerichtet sind, vermag er sich dauernd zu halten. Doch sind diese Sammelbecken nicht groß genug, um eine Gletscherwelt zu schaffen. Zwar zeigen die Firnhaufen oft an ihrem unteren Ende eine Zusammensetzung, die ein Übergang von Firn zu Eis ist, aber sie nimmt eine zu kleine Fläche ein, als daß man auch nur von einem kleinen Gletscher sprechen könnte; so namentlich im Westen und Nordwesten und beiderseits von Jónsskard. Doch ist es möglich, daß sich auch hier wie an anderen Stellen Islands nach einer Reihe niederschlagsreicher und kalter Sommer wirkliche Gletscher entwickeln. Wenn aber Lock aus dem Jahre 1880 40 Fuß dickes Eis mit Spalten angibt und auch von der Südseite des Passes Eis beschreibt, während die Askjaebene schon schneefrei war, so sind diese Mitteilungen im höchsten Grade zu bezweifeln, da sie in krassem Widerspruch zueinander stehen. Ebenso existierte sicherlich nicht der große Gletscher in den Nordbergen, den er in seiner Karte einzeichnet, eine Angabe, die Thoroddsen in die Schrift „Ódádahraun“ übernommen hat. Thoroddsen selbst hat, wie er im Ergänzungsheft sagt, Gletscher nicht gesehen, wohl aber vermutet er solche in den Dyngjufjöll. Im Gegensatz zu dieser Ansicht war H. Erkes, der schon Locks Angaben zurückgewiesen hat, im Jahre 1910, wie er mir mitteilte, zu der Meinung gelangt, daß überhaupt keine Gletscher in den Dyngjufjöll auftreten. Jedoch wiesen mich sehr große und mächtige Firnhaufen mit einer ausgesprochenen Tendenz zur Spaltenbildung bereits 1907 und von neuem 1910 auf die Möglichkeit der Existenz kleiner Gletscher nachdrücklich hin, und in dem warmen Sommer von 1910 fand ich am 11. August in der Tat einen solchen mit einer ausgesprochenen, nach Osten gerichteten Gletscherzunge, unter der ein reißender Gießbach hervorströmte, der sich in die Askja hinabstürzte und unter ihrer porösen Lavaoberfläche sofort verschwand. Der Gletscher liegt südwestlich der markanten Nadel an der Westwand der Askja, das Schmelzwasser stürzt in die südlich vorgelagerte Vertiefung hinab. Vielleicht lassen sich in der weiteren Umgebung noch zwei bis drei weitere auffinden.

b) Schmelzfiguren am Schnee.

Beim Schmelzen des Schnees entwickelt sich eine Reihe von Kleinformen, die in ihrer Anlage auf die reichliche Verfrachtung sandig-staubigen Materials zurückgehen. Dieses hat zum Teil seinen Ursprung in den Tuffflächen, die den Hang des Rudloffkraters bilden und die hier infolge der Wärme des Kraters schnell austrocknen, zum Teil wird es aus den schneefreien Dyngjufjöll herbeigebracht. In ihnen nimmt man an vielen Stellen die gestaltende Kraft des Windes wahr, namentlich in Form einer Glättung der Wände und einer Herauspräparierung des härteren Materiales. Auch beobachtet man auf horizontalen Flächen Windkessel, wie Fig. 10 zeigt. An Angriffslinien, wie Spalten und Fugen, hat der Wind in den weichen Tuffen mit Hilfe von Reibsteinen Kessel eingedrechselt.

Außerdem wird auch aus dem Ódádahraun viel sandiges und staubiges Material in die Dyngjufjöll verweht. Das Ódádahraun ist eine der größten Lavaflächen der Erde. Überall fällt auf ihm der atmosphärische Niederschlag wie auf ein Sieb, jedes Gewässer, das sich ihm nähert, versickert sofort. In der Tiefe sammelt sich das Wasser zu ausgedehnten Grundwasserhorizonten, die erst am Rande der Lavaregion wieder zutage treten. Dort dehnen sich große versumpfte Areale. Dort breitet sich eine Anzahl beständiger Seen aus, die oberirdisch gar keinen Zufluß besitzen, wohl aber einen starken Abfluß; brodelnd quillt das Wasser an ihrem Rande aus der Tiefe hervor. Dort entspringt eine Reihe von Flüssen gleich in ihrer ganzen Wasserfülle. Nur selten kann man auch in den Lavafeldern den Grundwasserhorizont wahrnehmen. An einzelnen Stellen ist die Lavaoberfläche eingebrochen; am Grunde der Vertiefungen quillt an der einen Seite ein Teil des Wassers hervor, es durchmißt den Boden und verschwindet auf der anderen Seite, eine Erscheinung, die der Hydrographie der Poljen verkarsteter Gebiete verwandt ist, die sich wiederholt in den oberirdisch abflußlosen Grundwasserseen Norddeutschlands, wie beispielsweise in denen des Grunewald, und die man als „Hydrographisches Fenster“ bezeichnen kann.

1907. Fig. 9. Vom Winde geglättete Flächen an den Gehängen im Südosten des Knebelsees. H. Sp.

1907. Fig. 10. Windtöpfe auf den östlichen Dyngjufjöll östlich des Rudloffkraters. H. Sp.

Die Folge der fast ständigen Trockenheit der Lavaoberfläche ist, daß all der feine Verwitterungsschutt, der sich im Laufe der Zeit absondert, nicht vom Wasser fortgeführt wird, sondern eine Beute des Windes wird. Der Prozeß der Umlagerung und der Fortführung des Materials vollzieht sich in zwei Arten. Einmal in Gestalt von Windhosen. Feines Bodenmaterial wird aufgewirbelt und in lebhafter Drehung schnell in größere Höhen geführt; dabei eilt das ganze Gebilde über die Ebene, um sich aber schon nach kurzer Zeit wieder in ein Nichts aufzulösen. Mögen sich an sonnigen Tagen auch mehrere Hundert solcher Windhosen einstellen, so ist ihre Wirkung doch vergleichsweise gering gegenüber jener, die durch den Transport von regelrechten Sandschauern ausgeübt wird. Auf weiten Flächen wird vom Winde der Boden aufgeweht, er raucht förmlich, und rötlich schimmert matt die Sonne hindurch. In die Höhe geführt, wandert die ganze Masse gleich einem Regenschauer, vor sich die Luft rein und klar, hinter sich sie verschwommen zurücklassend. Erst ein energischer Regen vermag dem Himmel seine nordische Reinheit und Herbheit wiederzugeben.

Eine Gruppe von Schneeformen, die durch diese Windtransporte hervorgerufen wird, knüpft sich an den Rand von Schneeflecken. Diese bieten dem staubigen und körnigen Material in hohem Maße ein Hindernis, einmal durch ihre, wenn auch nur geringe höhere Lage gegenüber dem schneefreien Gelände, zweitens aber vornehmlich dadurch, daß ihr Rand bei dem Schmelzprozeß ganz besonders reich mit Feuchtigkeit und Nässe imprägniert wird und deshalb die gewehten losen Partikelchen außerordentlich leicht auffängt. So kommt es, daß sich rings um jeden Schneefleck eine kleine äolische Aufschüttung ausbildet, die auf der Luvseite einen Dezimeter Breite und eine Höhe bis zu 5 cm erreichen kann, auf der Leeseite aber mitunter kaum wahrnehmbar ist. Die Stärke der Entwicklung des Ringes hängt von verschiedenen Faktoren ab: von der relativen Höhe des Schneerandes, von der Menge des verfrachteten Materials, und nicht zuletzt von der Beständigkeit der Randlage. Denn da die jeweiligen Konturen der Firnflecken nur ein vorübergehendes Stadium darstellen, so ist klar, daß bei einem ununterbrochenen und gleichmäßigen Abschmelzen, wie es zur Zeit der Mitternachtssonne bei dem fast gänzlich aufgehobenen Wechsel von Tag und Nacht sehr leicht eintreten kann, es nicht zur Aufhöhung eines scharf ausgeprägten Ringes kommt, sondern daß der Prozeß infolge des schnellen Zurückweichens des Randes höchstens in der Auffüllung eines breiten und sehr niedrigen Streifens besteht, der kaum irgendwie in die Augen springt. Wenn trotz der fast gleichmäßigen

Bestrahlungsmöglichkeit das Abschmelzen sich nicht konstant, sondern geradezu ruckweise vollzieht, so hängen die Schwankungen nicht mit dem Unterschied von Tag und Nacht zusammen, sondern das Schwinden der Schneemassen entspricht dem Wechsel von bewölktem Himmel mit unbewölktem, wobei der letzte eine hohe Isolation zuläßt. Analog zu diesen Perioden weicht der Firnrand zurück. Bewegt er sich bei geringer Strahlung nur wenig, so bildet sich ein äolischer Aufschüttungsring (Fig. 11). Tritt alsdann ein starkes Zusammenschrumpfen des Firnfleckes ein, so unterbleibt die Entwicklung eines derartigen Gebildes, um erst wieder bei der nächsten festen Randlage zu erfolgen. Schließlich schmilzt der

Osten.

Fig. 11. Äolische Aufschüttungsringe am Außenabfall des Rudloffkraters in der Askja.
Zeichnung nach einer Photographie von Hans Spethmann.

Firn gänzlich fort, und ein System mehr oder minder konzentrisch angeordneter elliptischer Ringe bleibt übrig.

In der vorstehend geschilderten Weise habe ich den Vorgang mehrfach an den flachen, größtenteils aus weichem, lehmigem Tuff bestehenden Abhängen des Rudloffkraters verlaufen sehen. So belanglos die kleine Beobachtung an sich vielleicht ist, so wirft sie doch andererseits, wenn man sich die Ringe erhärtet denkt und als fossil vorstellt, möglicherweise Licht auf manche der vielfach noch so rätselhaften Figuren, die oft auf plattig und bankig abgesonderten Gesteinen wahrzunehmen sind und von denen erst wenige, wie Trockenrisse und Fährten, eine einigermaßen befriedigende Erklärung gefunden haben.

Eine zweite Gruppe von Formen entwickelt sich auf der Oberfläche der Schneedecke. Unter ihnen fallen besonders die Schneeschmelzkegel auf. Betrachtet man eine einzelne Figur, so stellt sie einen Kegel von ziemlich regelmäßiger Gestalt dar, dessen Höhe zwischen 1 cm und $^1/_2$ m schwankt. Er besteht scheinbar gänzlich aus feinkörnigem Staub und Grus, doch formt das Material nur einen wenige Zentimeter dicken, festen Mantel um einen inneren Firnkern, von dem oberflächlich in der Regel nichts zu sehen ist. Der Firn besteht aus reinem verfestigten alten Schnee ohne besondere Beimengung von Schutt oder Staub. Fast immer treten mehrere solcher Schmelzkegel gesellig auf und bedecken eine Schnee- oder Firnfläche. Nur einmal sah ich sie in den Dyngjufjöll lediglich einreihig am Südufer eines Baches, der sich einen halben Meter tief in ein Schneefeld eingefressen hatte. War das Vorkommen der Figuren nicht linear, sondern regional, so war das von ihnen besetzte Terrain eben oder sanft geneigt, einmal sogar bis zum Winkel von 30°; vielleicht lassen sie sich auf noch abschüssigeren Böschungen nachweisen. Die Orientierung der Firnfelder war beliebig; die Schmelzkegel bevorzugten nicht etwa die Südgehänge, sondern traten ebenso häufig an Nordabfällen auf.

Um zu einem richtigen Verständnis der Figuren zu gelangen, verfolgen wir ihren genetischen Werdegang, den ich des wiederholten und längere Zeit hindurch in der Askja und ihrer Umgebung verfolgen konnte. Es ist von einschneidender Bedeutung, zu wissen, wie die Schneeoberfläche beschaffen war, auf der die Sedimentation von statten ging. Man ist hierbei natürlich auf Analogieschlüsse angewiesen, da es ja hinterher unmöglich ist, zu entscheiden, ob zarte Detailformen unmittelbar vor dem Niederschlagen des Staubes auf dem Schnee ausgeprägt waren oder nicht. Wenn ich die unbeschütteten Partien der Schneedecke zum Vergleich heranziehe, so muß ich sagen, daß sie im allgemeinen ohne irgend eine Andeutung von Schmelzfiguren entwickelt waren, abgesehen von dem glasigen Überzug, den das tägliche Auftauen und nächtliche Gefrieren der allerobersten Schichten verursachte. Nur hin und wieder waren kleinere Flächen mit rippelmarkenähnlichen Figuren besetzt, auf die ich gleich zu sprechen komme, aber sie treten nur lokal und untergeordnet auf. Sonst boten die Schneefelder, wenn man den Gesamteindruck charakterisieren will, keine Unebenheiten. Eine intensive äolische Ablation zielte sogar dahin, jegliche Unregelmäßigkeiten der Oberfläche auszuglätten. Markante Fußspuren waren 14 Stunden später, wie ich am Ostrand der Askja mehrfach zu konstatieren Gelegenheit hatte, mit ganz feinkörnigem Firnmaterial bis nahe zur Unkenntlichkeit ausgefüllt, ohne daß etwa in der Zwischenzeit Schnee gefallen wäre. Demnach dürfte für die weitaus meisten Felder der Schluß berechtigt sein, daß Unebenheiten der Schneedecke keinen Einfluß auf die Verteilung des Staubes und Sandes ausübten.

Trotz der Gleichmäßigkeit der Schneeoberfläche breitet sich das verwehte Material nicht als einheitliche dünne Decke aus, sondern von vornherein ordnen sich die einzelnen Partikelchen in Rippelmarken an, wie ich mehrmals in statu nascendi feststellen konnte (vgl. Fig. 12), eine Wahrnehmung, die den Schlüssel zur

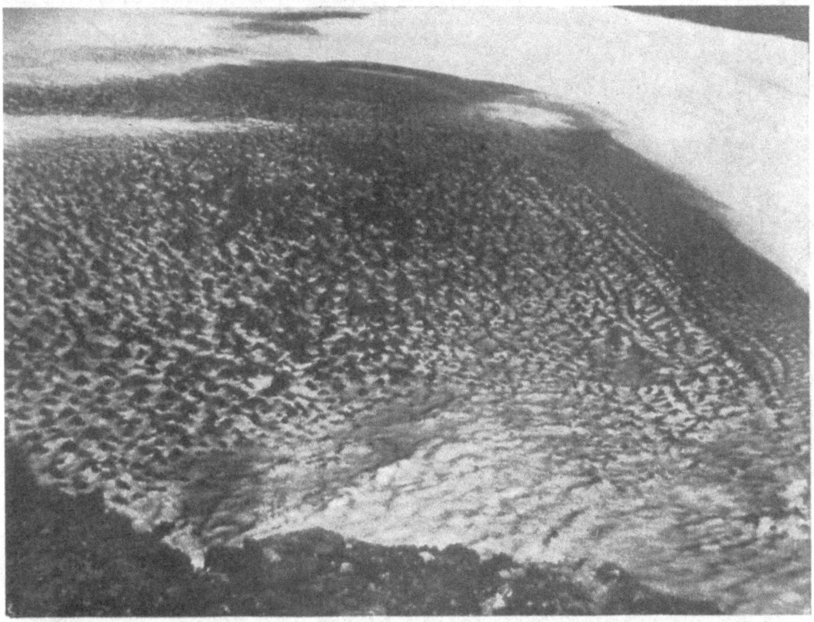

1907. H. Sp.

Fig. 12. Bildung der Schmelzkegel im Osten des Rudloffkraters.

Deutung des Problems liefert. Die Rippelmarken sind in ihrer longitudinalen Erstreckung nicht gleichmäßig hoch, sondern abwechselnd ist an gewissen Stellen das lockere Material etwas höher und dichter abgelagert als an anderen. Je dichter der Schutt, um so mehr werden die Sonnenstrahlen, die zwar von einem isolierten Sandkörnchen absorbiert, von einer größeren Fläche aber reflektiert werden, vom Schnee, der unter ihnen liegt, ferngehalten, also der letztere geschützt. Durch die Verminderung der Insolation wachsen diese Stellen daher gleich kleinen Knötchen aus der Schneeoberfläche heraus, weil gleichzeitig der mehr oder ganz offen zutage liegende Schnee schmilzt, und somit dort die einstige Schneeoberfläche in ein tieferes Niveau rückt. Im normalen Verlauf setzt sich der also eingeleitete Prozeß in der gleichen Weise fort. Aus den Knötchen werden Kegelchen. Betrug ihre seitliche Böschung zuerst nur wenige Grad, so nimmt sie schnell an Größe zu und kann 45° erreichen. Daß gerade eine Kegelform geschaffen wird, mag sich vielleicht darauf gründen, daß der Mittelpunkt des Knötchens, bei dem das aufgewehte Material relativ am höchsten liegt, den Schnee gegen die Insolation mehr schützt als die seitlichen Partien, so daß vielleicht am Fuße der Kegel der Schnee unter dem Schutt an Höhe verlieren wird und nachträglich Material auf

1907. H. Sp.

Fig. 13. Schneeschmelzkegel im Osten des Rudloffkraters.

den Flanken der kleinen Vollformen abrutscht. Fig. 13 stellt diese letzten Entwicklungsstadien der Schmelzkegel dar. Über den Vordergrund des Feldes ist ein Schlammstrom gelaufen und die Kegel gucken mit ihren Spitzen aus der Umhüllung heraus. Mitunter tritt auch das Umgekehrte ein. Das anfänglich schon nicht hohe Schneefeld schmilzt im Sommer gänzlich, infolgedessen die Kegel unverbunden auf nacktem Fels stehen.

Es ist klar, daß die Formgebung der Kegel einzig und allein ein Werk der Sonnenstrahlen ist. Demgemäß haben wir bei dem Verlauf des Prozesses zwischen zwei Agentien zu sondern: die primäre Anlage ist ein Ergebnis des Windes, die sekundäre Gestaltung ein Resultat der Insolation.

Ein anderes Phänomen entsteht, wenn außerordentlich geringe Mengen Staubes und feinen Sandes über eine Schneefläche gebreitet werden. Die äolische Fracht schlägt sich alsdann in Gestalt von ganz feinen Rippelmarken derart nieder, daß größere Flächen von Firn und Schnee mit kleinen Bändern von Schutt abwechseln. Die letzteren reflektieren einen großen Teil des Sonnenlichtes, da es sich ja nicht um ein einziges Staubkörnchen handelt, das, wie schon bemerkt, gerade im Gegenteil mehr Wärme absorbieren und

1910. H. Sp.

Fig. 14. Firnschalen auf Sellandafjall.

schnell in die Tiefe hineinschmelzen würde. Der Untergrund wird vor Bestrahlung geschützt, während die unbedeckten Partien der Insolation in höherem Maße zugänglich sind, schneller schmelzen und derart Felder von kleinen Firnschalen produzieren. Fig. 14 zeigt den Rand eines solchen.[1] ALBERT HEIM faßt diesen Fall

[1] Diese von mir schon früher geäußerte Auffassung über Firnschalen (Zeitschrift für Gletscherkunde, Bd. 4 S. 138—141) bezieht sich natürlich nur auf Firnschalen und nicht auf Kryokonitlöcher, an denen sie HANS PHILIPP diskutiert (Zeitschr. deutsch. geol. Ges. 1912 Bd. 64, Monatsberichte). Die von ihm vorgeführten Schalen entsprechen zum Teil jenen, die ich im Anschluß an HEIM erwähnte.

gerade umgekehrt auf. Aus den von Unreinlichkeiten überkleideten Stellen gehen beckenförmige Vertiefungen hervor, die dazwischen stehenden Rippen sind dagegen reiner Firn. Es ist diese Möglichkeit der Bildung flacher Becken ohne weiteres zuzugeben, nur dürfte sie für größere regelmäßige Systeme von Schalen nicht in Betracht kommen, da die primäre Verteilung der Unreinlichkeiten kaum auf weitere Flächen hin die Gesetzmäßigkeit unserer Figuren besitzen wird, sondern es werden regellos verbreitete größere und kleinere Schalen ins Dasein gerufen werden.

c) Einfluß des Klimas auf den Boden.

Das polare Klima äußert sich deutlich an Vorgängen auf der Oberfläche des Bodens. Am deutlichsten tritt es in der Gestalt

1907. H. Sp.

Fig. 15. Eckiger Gesteinsschutt auf den Ostbergen. Rechts unten der Knebelsee.

des polaren Erdflusses auf. Nur die oberste Krume des Bodens taut im Sommer auf, bis zu 40 cm Tiefe, wie einzelne Messungen in den Dyngjufjöll ergaben, während die tieferen Partien gefroren bleiben. Infolge des großen Kontrastes von Insolation und Frost springt die Oberfläche in eckigen Trümmern los (Fig. 15), sie schuppt gleichsam ab und rutscht auf dem festeren Untergrunde wie auf einer Schmierbahn bergab (Fig. 16). Vielfach nimmt man ein

1907. H. Sp.

Fig. 16. Rutschende Gehänge auf einem der Wattsfell bei den Sudurskörd.

1910. H. Sp.

Fig. 17. Rutschender Verwitterungsschutt am Westrande der Askja.

derartiges allmähliches Abwärtskriechen der Gehänge wahr, der Lage jeden Steines ist die langsame Bewegung anzusehen (Fig. 17).

Vollzieht sich dieser Vorgang meistens auf geböschten Gehängen, so wird auf horizontalen Flächen ein Aufreißen des Bodens verursacht, das kurz als „Erdreißen" bezeichnet werden kann. Der Boden wird von Rissen durchzogen, die bei einer Breite von der Dicke eines Fingers und bei einer Tiefe von nur wenigen Zentimetern einige hundert Meter in gerader oder leicht gekrümmter Richtung lang sein können. Scheinbar regellos ziehen sie dahin, sich vielfach querend, so daß Polygone ganz unregelmäßiger Seitenentwicklung und mit einem mittleren Durchmesser von vielleicht 50 bis 100 m in die Erscheinung treten. Ihre Entstehung habe ich einmal auf der Nordebene in den nordöstlichen Dyngjufjöll etwas genauer verfolgen können. In der Nacht vom 18. auf den 19. August 1910 sah ich morgens 4 Uhr bei — 2° den Boden in der weiteren Umgebung des Zeltplatzes von derartigen Frostrissen durchzogen, die am Abend vorher nicht vorhanden gewesen waren. Die niedrigste Temperatur während der Nacht hatte ungefähr — 10° betragen. Besonders verbreitet fand ich das Phänomen in den großen Grundmoränengebieten, die sich am West- und Nordrande des Ódádahraun hinziehen.

Es handelt sich bei dem Erdreißen nur um ganz geringe Verschiebungen von Erdpartikelchen, immerhin aber fällt der Vorgang unter die Kategorie der Bodenbewegungen. Er beruht auf einer Kohäsion; wahrscheinlich übt die Feuchtigkeit, die dem Boden innewohnt, im Verein mit der starken Abkühlung des festen Materials den Hauptantrieb bei der Auslösung von Spannungen aus.

Ferner habe ich den sogenannten Karreeboden vielfach auf Island wahrgenommen, aber bei weitem nicht in der prächtigen Entwicklung, wie er von Spitzbergen geschildert wird. Es waren vergleichsweise nur Ansätze, statt der Steinwälle nur dünne und niedrige Streifen eckiger Steinchen in Kreisen und Ellipsen, die sich in die Tiefe fortsetzen. Das Innere der Kreisfläche bestand nicht aus feinem Lehm, sondern aus körniger Erde. Derartige Gebilde, deren Entstehung ich nicht genauer verfolgt habe, sind mir außer von den Dyngjufjöll auch von den umgebenden isolierten Bergen bekannt.

Vegetation und Tierleben.

Infolge des Klimas ist das Gelände bar jeglicher Vegetation und bar jedweden animalischen Lebens. Nur in warmen Sommern stellen sich in den Südbergen und im Op hin und wieder kleine Flecken mit einem sehr lückenhaften Überzug von grauen Flechten und grünen Moospolstern ein, in die sich das leuchtende Rot der Silene acaulis mischt. Im Süden war eine Stelle mit Renntierflechte, isländischem Moos, einigen Saxifragaarten, Ceratium alpinum und Silene acaulis bedeckt. Im Sommer 1910 traf ich an den Westhängen der Askja ein Schaf mit zwei Lämmern, die recht abgemagert aussahen. Vier Wochen vorher hatte ERKES in der Nähe zwei andere gesehen. Oben auf den Nordwestbergen stieß ich auch einmal auf Schafspuren. Alle diese Tiere haben sich hierher verirrt und finden wohl stets im Herbst den Hungertod. Im Westen der Askja fand ich auch eine Vogelleiche. Einige kleine Singvögel wohnten im August 1910 unfern unseres Zeltplatzes in den Nordbergen. Ein Schwarm Mücken, der einmal 1907 einer Karawane gefolgt war, starb sofort in der Askja.

So ist es einsam in den Dyngjufjöll und in der Askja, aber keineswegs totenstill. „Um die Felsen und durch die Schluchten singt ein leiser Wind, bald hoch, bald tief seine nach Lust und Laune wechselnden, doch immer ernsten Weisen. Im Tale Op rauscht von einer hohen Felswand ein wasserreicher Wasserfall seine schwermütige Strophe. Zwischen den Lavaklippen rieseln und gurgeln die Schneeschmelzquellen, und mitunter dröhnt dazwischen wie ein dumpfer Donnerschlag das beängstigende Rollen einer niederkrachenden Steinlawine“ (ERKES).

Die Entstehung.

a) Die Dyngjufjöll.

Über die Entstehung der Dyngjufjöll äußerte Watts, daß sie sich zum Teil aus kleinen Vulkanen zusammensetzen, die ihr Material ins Ódádahraun ergossen haben. Wahrscheinlich beobachtete er solche Fälle im Südosten des Gebirges. Johnstrup sieht gleichfalls in ihnen keinen einheitlichen vulkanischen Bau, sondern läßt sie aus vulkanischer Breccie und Basalt bestehen, die aus einer Reihe von Ausbruchsöffnungen herrühren, von denen diese oder jene noch in historischer Zeit tätig gewesen sein mögen. Demgegenüber sieht Lock in den Dyngjufjöll einen einheitlichen Vulkan und bezeichnet ihn als den größten Islands. Thoroddsen schreibt 1888 und 1891: „Die Dyngjufjöll sind am Anfang ein großes Plateaustück von Palagonitbreccie gewesen, welches seine jetzige Gestalt durch mehrere Senkungen und besonders durch die Bildung des kesselförmigen Tales Askja erhalten hat". 1905 sagt er über die gleiche Gebirgsmasse, daß sie „im ganzen genommen ein großer individualisierter Krater ist". 1907 beobachtete ich unzählige Male, daß sich in der Tat in den Dyngjufjöll eine Reihe einzelner Eruptionspunkte finden, doch ist mir die Herkunft der gesamten Masse damals nicht befriedigend klar gewordeu. Reck meinte 1908 in dem Gebirge einen nachträglich stark tektonisch gestörten Schildvulkan zu sehen.

1. Die Eruptionspunkte der Dyngjufjöll.

Mustert man die Dyngjufjöll und die Askja in ihrer Gesamtheit, so drängt sich der Gedanke auf, sie zusammen als einen großen Vulkan mit einem entsprechend umfangreichen Krater anzusehen. Eine nähere Betrachtung wird zunächst zeigen, ob das Material der Dyngjufjöll aus der Askja stammt. Beginnen wir mit den Westbergen zwischen Trölladyngjaskard und Jónsskard, so sind die Berge dieser ganzen Strecke nahe der Askja vorwiegend aus Tufflagen aufgebaut, die ein ausgeprägtes Fallen vom Askjakessel fort nach außen bekunden. Überall brechen die Schichtköpfe zur Askja ab, während die Schichtflächen sich sanft gegen Westen und Nordwesten neigen, was auch in dem Oberflächenrelief zum Ausdruck kommt, namentlich im Nordwesten, wo sich die Dyngjufjöll ganz sanft von der Askja aus abdachen.

Allein, dieser so scharf hervortretende Bau ist nur auf der Zone nahe der Askja so klar entwickelt, während sich in den übrigen Teilen der dortigen Dyngjufjöll recht wesentliche Abweichungen einstellen, namentlich im Gebiet, das nördlich und westlich an das Trölladyngjaskard anschließt. Nördlich von diesem Paß wird der Rand der Dyngjufjöll von einer Spalte in der Richtung Nord-Süd durchzogen, an deren Westseite ein Krater gelegen ist, der Schlacken und Laven ausgeworfen hat. Auf der östlichen Seite der Spalte ist nahe dem Trölladyngjaskard gleichfalls ein Eruptionspunkt vorhanden. Dasselbe gilt für die nahe westlichste Erhebung der dreigipfeligen Wattsfell, auf deren Höhe ein Lavastrom ausgebrochen ist und sich in die Askja ergossen hat. Wandert man von der erweiterten Spalte westwärts, so stößt man schon nach kurzer Zeit auf einen großen Explosionskrater. Er besitzt bei ovalem Umriß und einer Länge der größten Achse von etwa 500 m eine (geschätzte) Tiefe von 50—100 m jeweils unter seiner Umgebung. Ost- und Nordrand der Umwallung sind am höchsten. Am Boden ruht ein grüner See, dessen Wasser nicht so heiß war, daß man ein Aufbrodeln an irgendeiner Stelle bemerken konnte, anderseits aber auch nicht die Temperatur besaß, die dem Klima der Jahreszeit entsprochen hätte, sondern aus dem Boden Wärmezufuhr erlangte; denn jeglicher Schnee war geschmolzen, was für die übrigen Löcher und Schluchten in den benachbarten Teilen des Gebirges nicht zutraf. Das ganze Bild erinnerte an die Helviti bei der Krabla im Nordland. Die Wände des Kraters, die im Osten fast senkrecht sind, zeigen im Querschnitt Lavabänke und Tufflagen, die jedoch nicht von dem Krater herrühren, sondern älter sind. Denn der Krater ist durch sie hindurchgesprengt, er ist ein typischer Explosionskrater ohne Magmaerguß. Wie sein ganzer Erhaltungszustand bekundet, kann die Eruption nicht alten Datums sein, und die Annahme dürfte ziemlich sicher sein, daß sie sich in historischer Zeit abgespielt hat. Zieht man die Helviti bei der Krabla zum Vergleich heran, so ist es nicht ausgeschlossen, daß der Vorgang noch kein Jahrhundert zurückliegt und daß Rauchbeobachtungen über den Dyngjufjöll während dieser Zeit auf ihn zurückzuführen sind.

Auch der übrige Teil der Westberge, der nicht unmittelbar an die Askja stößt, weist eine große Reihe scharf individualisierter Eruptionspunkte auf, namentlich an der Ostflanke des Dyngjufjalladalur, wo sie durch Kontaktmetamorphismus den gelblichen Tuff in ein Rot verwandelt haben, das bei niedrigem Sonnenstande intensiv leuchtet. Die meisten dieser Krater haben Schlacken ausgestoßen und Laven ergossen, von denen ein Teil zum Dyngjufjalladalur hinabgeflossen ist, aber dessen jetzigen Boden nicht erreicht, sondern durch einen scharfen Bruch von ihm getrennt wird. In der mittleren Partie der Ostseite des Tales vermag man kilometerweit die Querschnitte von Lavaergüssen zu verfolgen.

Wenden wir uns den nördlichen Dyngjufjöll zu, so ist auch in ihnen eine Reihe gesonderter Ausbruchspunkte festzustellen. Eine Serie ist in der Nähe der Askja zwischen Jónsskard und dem Öskjuvegur vorhanden, ein größerer Eruptionspunkt liegt auf der Südflanke von Sigurdurskard, desgleichen sind an der Nordseite der Dyngjufjöll eine Anzahl vertreten. Besonders reich an ihnen ist der Nordosten in jenem Stück, das sich zwischen Öskjuvegur und Eystriskard hinzieht. Ich habe schon 1907 auf den Reichtum an dieser Stelle aufmerksam gemacht. Reck hebt gleichfalls diese Vulkane hervor, und zwar vom Gesichtspunkt ihrer Lage. Nach ihm ordnen sie sich in regelmäßige Nord-Süd streichende Vulkanreihen. Die Karte Recks verzeichnet an der unmittelbaren Ostgrenze drei dicht einander benachbarte Reihen und etwas westlicher zwei meridional gelegene Krater.

Dieser topographischen Darstellung und Schilderung vermag ich mich nicht anzuschließen; es ist sowohl die Wiedergabe des Öskjuvegur wie die Ausbreitungszone der Eruptionspunkte anders als wie in der Natur. Über die Umrisse vom Öskjuvegur werde ich mich weiterhin in anderem Zusammenhange noch auslassen, hier sei vorläufig nur mitgeteilt, daß seine Ostgrenze kaum bis zur Mitte vom Askja Op reicht und sich dann nach Nordwesten wendet, so daß seine Ausdehnung an dieser Stelle auf Recks Karte etwa um die Hälfte verkleinert werden muß.

Die von Reck erwähnten Vulkane nehmen also eine weit breitere Zone ein als seine Karte und sein Text verzeichnen, es ist eine ausgesprochene Vulkanlandschaft. So sicher dort das Auftreten einer größeren Zahl von Ausbruchstellen ist, so außerordentlich unsicher ist es, ob sie in Nord-Süd-Reihen angeordnet sind. Details gibt Reck nicht an, auch ich vermag, obwohl ich verschiedentlich durch das ganze Gelände gewandert bin, nur wenig Material zur Frage beizusteuern. Die Nordostecke des Op habe ich 1907 mappiert und auf ihr die Krater eingetragen. Es sei betont, daß mir bei der damaligen teilweisen Schneebedeckung ein Krater entgangen sein kann, jedoch habe ich den Eindruck einer ausgeprägten reihenförmigen Anordnung weder 1907 noch 1910 erhalten. Ich gebe zu, daß eine Betrachtung der Dyngjufjöll von Osten aus gerade an der Nordostflanke des Gebirges die Vorstellung einer Parallelität der Vulkane mit dem Eystriskard erwecken kann, aber daß bei einem genaueren Studium sich doch nicht eine solche Anordnung in dem Gebiet zwischen Öskjuvegur und Eystriskard ergibt. Gerade durch die regellose Verteilung der Eruptionspunkte habe ich recht große Schwierigkeiten bei der Mappierung gehabt, so daß diese nicht für den Druck vollendet werden konnte.

Auch in den Ostbergen ist das Auftreten vieler einzelner Vulkane zu erkennen, namentlich begegnet man ihnen an der Südseite des Op, aber auch auf der Höhe. Hier meine ich wohl die gleichen Stellen, die Reck als eruptive Gänge auffaßt. Dagegen habe ich keine Anzeichen dafür wahrgenommen, daß größere Massen aus ihnen hervorgedrungen sind als zu beobachten sind, die nachträglich in Trümmer gingen und völlig unter ganz jungen Lavaergüssen begraben wurden. Ferner kann man in den Ostbergen besonders zahlreich echte Gänge wahrnehmen, wie solche denn überhaupt in den ganzen Dyngjufjöll nicht selten sind. Eine Spezialuntersuchung von ihnen hat jedoch noch niemand unternommen. Der Absturz zum Knebelsee enthüllt zahlreiche Querschnitte von Obsidianlagen, auf die schon Johnstrup und Thoroddsen aufmerksam machten. Ich beobachtete hier 1907 südlich eines kleinen Wasserfalles einen basaltischen Gang, der Apophysen ausgesandt hatte und sich oben in Gestalt einer intrusiven Decke ausbreitete. Reck studierte in dieser Gegend eine bis zu 30 cm anwachsende Obsidianschicht, an deren Unterfläche kleine Stücke des liegenden Tuffes fest angebrannt waren. Teilweise enthält er kleine Einschlüsse einer Lava mit großen weißen Einsprenglingen. Nach oben geht der Obsidian in eine sehr porenreiche Bank vielfach braunrot gefärbter Lava über, deren Blasenräume oft verdrückt aussehen.

Für die Höhe des Thoroddsenstindur ist mir das Auftreten isolierter Ausbruchstellen nicht erinnerlich, sondern nur von Resten von Lavaströmen und Gängen (Fig. 7 und Fig. 20), wohl aber für seinen Fuß, an dem sich eine Anzahl von Schloten findet, die Lava ausgegossen haben. Das gleiche trifft für den Südfuß der Wattsfell zu (Fig. 19).

Bei einer Zusammenfassung ergibt sich, daß die Dyngjufjöll von einer großen Zahl individualisierter Vulkane besetzt sind, andererseits aber die Westberge mit Nachdruck auf einen Eruptionspunkt hinweisen, der sich dort befand, wo heute die Askja gelegen ist. Dieser letzte, aus Beobachtungen abgeleitete Schluß ist

1907. H. Sp.

Fig. 18. Kleiner Wasserfall am Abfall der Ostberge zum Knebelsee.

1907. H. Sp.

Fig. 19. Kleine Krater am Südfuß der Wattsfell unfern der Sudurskörd.

insofern sehr wichtig, als er von einer eruptiven Phase im Askjaareal berichtet. Der Mächtigkeit, der Ausdehnung und dem Bau der Schichten nach geurteilt, muß dort ein größerer und längere Zeit aktiver Krater bestanden haben, der stratisch gearbeitet hat, weshalb auch der Gedanke naheliegt, daß bei einer Mehrung des Beobachtungsschatzes auch noch an anderen Stellen des Askjarandes Spuren seiner Wirksamkeit aufgefunden werden. Ob aber in Gestalt der gesamten Dyngjufjöll Reste von ihm vorliegen, läßt sich vorläufig noch nicht entscheiden und vielleicht nie durch

1907. H. Sp.

Fig. 20. Reste einer Lavadecke am oberen Südhang von Thoroddsenstindur.

Beobachtung, da sie von den angeführten zahlreichen jüngeren Eruptionspunkten durchsetzt sind, die größere Areale mit ihren geförderten Massen bedeckt haben. Aber es läßt sich schon über einige Gesichtspunkte zu der Frage diskutieren, ob die Dyngjufjöll als einheitlicher Vulkan aufgefaßt werden dürfen oder nicht.

2. Der Vulkan Dyngjufjöll.

Zunächst sind die Gefällsverhältnisse in diesem Sinne recht beachtenswert, indem sie im allgemeinen eine Abdachung von der Askja zum Außenrande bekunden; so für den Osten, Südosten,

Süden, Westen und Nordwesten, dagegen nicht für den Südwesten, wo nördlich der Verlängerung des Trölladyngjaskard sich ein höherer isolierter Berg erhebt, wie für den Norden, wo Háihnukur und Kollur aus dem Rahmen einer einheitlichen Neigung fallen. Freilich sind im einzelnen mannigfache Ungleichmäßigkeiten wahrzunehmen, aber sie würden kein entscheidendes Argument gegen die Auffassung der Dyngjufjöll als einheitlichen Vulkau beibringen, sondern nur ein höheres Alter des Vulkans bekunden; an seinen Flanken haben destruktive Prozesse ihre Tätigkeit bereits entfaltet. Für ein solches höheres Alter spricht auch meine Beobachtung von Glazialspuren am Nordrand der Askja zwischen Opende und Jónsskard. Dort barg eine große, als ganzes abgerutschte Scholle zweifellos gekritzte Geschiebe. Es war ein grobes Konglomerat mit Blöcken bis zu 1 cbm Inhalt, die, meistens aus olivinreichem Basalt bestehend, gerundet waren und auf ihren geglätteten Flächen die Merkmale ausgezeichneter Schrammung trugen. Die Steine waren in ein feineres, erdiges Bindemittel eingebettet, das so erhärtet war, daß der ganzen Masse eine tillitartige Festigkeit innewohnte. Sie ähnelte strukturell durchaus dem Aufbau einer baltischen Moräne. Es ist nun keineswegs notwendig, aus diesen glazialen Ablagerungen auf ein diluviales Alter, das dem Mitteleuropas entspricht, zu schließen, da das nächste rezente Inlandeis, der Vatnajökull, nur 30 km von den Dyngjufjöll entfernt ist, aber anderseits bekunden die Bildungen doch ein solches Alter für die Dyngjufjöll, daß eine Zertalung bereits einsetzen konnte.

Daß diese in den Dyngjufjöll mutmaßlich erosiver und nicht tektonischer Natur ist, dafür scheint auch die Anordnung der Pässe zu sprechen. Reck gebührt das Verdienst, hierauf die Aufmerksamkeit gelenkt zu haben. Freilich kann ich seiner Beschreibung der Paßlagen nicht beistimmen. Nach ihm befinden sie sich nämlich in den Ecken des Gebirges, was höchstens für Jónsskard und Trölladyngjaskard zutrifft. Sowohl Öskjuvegur wie die Sudurskörd liegen beide weit von den sogenannten Ecken des Gebirges entfernt, und für Askja Op gilt das Gleiche, denn von seinem Ostausgang bis zum Nordrand der Dyngjufjöll ist fast ebenso weit wie bis zum Südrand, während anderseits im Nordosten wie im Südosten überhaupt kein Paß vorhanden ist. Wohl aber tragen die Pässe einen anderen gemeinsamen Grundzug, daß sie — natürlich großzügig betrachtet — vom Askjakessel ausstrahlen und jeweils die kürzeste Verbindung zwischen dem Punkt der Askja, an dem sie einsetzen, und dem Außenrand der Dyngjufjöll schaffen. Sie sind daher vielleicht durch eine ehemalige zentripetale Entwässerung, wie sie für Stratovulkane so charakteristisch ist, angelegt.

Ferner sind bei Betrachtung der Frage nach einem Vulkan Dyngjufjöll eine Reihe von Geländestufen am Nordfuße von Jónsskard wichtig, auf die schon LOCK aufmerksam gemacht hat und die er für Stirnen von Lavaströmen hielt, die aus der Askja stammten, bevor die Dyngjufjöll aufgeschüttet waren, eine Auffassung, die bereits RECK scharf zurückgewiesen hat. Schon THORODDSEN faßte die Terrassen nicht unähnlichen Formen als Staffelabbrüche auf, ebenso ich 1907 und RECK 1908. Ihre größte Länge ist aber beträchtlich kleiner als THORODDSEN, ich und RECK annahmen. Sie ziehen sich, wie ich erst 1910 sah, nicht am ganzen Nordhang des Gebirges hin, sondern nur in der weiteren Umgebung des Fußes von Jónsskard. Ebenso schienen mir 1907 die Ostberge südlich des Op tektonisch gestört zu sein, doch liegt kein exaktes Beobachtungsmaterial für meinen Eindruck vor. Sollten sich aber derartige durchgehende Störungen ergeben, wird man natürlich zu betrachten haben, ob sie vulkanologischer oder tektonischer Natur sind oder auf Gleitprozesse an den äußeren Vulkanflanken oder zum Kraterkessel hin zurückgehen.

Neben der Zertalung spielen die individualisierten Krater in der Besprechung unserer Frage eine belangvolle Rolle. Ist ihre Zahl auch beträchtlich, so ist ihre Größe im Verhältnis zur Askja und der Gesamtheit der Dyngjufjöll doch recht winzig, und sohin fällt ihre Zahl weniger ins Gewicht. Auch die Gänge stehen im Einklang mit einem alten Riesenvulkan Dyngjufjöll, sind sie doch beispielsweise oft von Somma und Ätna beschrieben. Wie der Mechanismus der Intrusionen sich abwickelte, ob sie gleichzeitig mit der ersten Tätigkeit der Askjaregion entstanden oder später hervorbrachen, wird erst eine exakte Detailuntersuchung zu entscheiden vermögen. RECK hat sich zwar schon gegen eine Gleichzeitigkeit auf Grund von Vergleichen mit Strato- und Schildvulkanen ausgesprochen. Kommen die letzteren für diesen Teil der Dyngjufjöll nicht in Betracht, worauf noch eingehend zurückzukommen sein wird, so läßt sich meines Erachtens durch Vergleiche mit anderen Stratovulkanen vorläufig nichts Sicheres aussagen. Die Wissenschaft muß zunächst von Fall zu Fall entscheiden; erst wenn sich an einer Summe übereinstimmender Ergebnisse gewisse Regelmäßigkeiten ableiten lassen, darf zum Analogieschluß gegriffen werden.

So sehen wir, wie eine Reihe von Momenten für einen Vulkan Dyngjufjöll spricht, doch wird erst eine Mehrung des Beobachtungsschatzes zu spruchreifen Ergebnissen führen.

3. Der Horst Dyngjufjöll.

Eine ganz andere Ansicht über den Bau der Dyngjufjöll hat Reck entwickelt. Von ihm ist bereits eine ausführliche Darlegung über den inneren Mechanismus der Dyngjufjöll geliefert, die eine Besprechung erheischt. Reck meint, daß die Dyngjufjöll und die Askja einen Horst inmitten des Ódádahraun gebildet haben und dementsprechend früher eine Hochebene zur Schau trugen, die im Niveau der gegenwärtig höchsten Erhebungen des Gebirgsmassivs gelegen war. Auf dieser Hochfläche brach ziemlich genau über dem Zentrum der heutigen Askja, die damals natürlich noch nicht existierte, mindestens 40 m über den Höhen der heutigen Tuffgebirgskämme ein Schildvulkan aus und überdeckte sie mit Lava. Dann trat eine Dislozierung des ganzen Gebirges ein, es wurde von Nord-Süd und Ost-West gerichteten tektonischen Störungen betroffen. Zuerst wurde die Außenseite der Dyngjufjöll staffelförmig gesenkt und demgemäß formten staffelförmig abgesunkene Lavaplatten die Oberfläche der Dyngjufjöll, die alle bis auf einige im Laufe der Zeit abgetragen wurden und verschwanden. Wesentlich später nach diesen Abbruchserscheinungen brach die Gipfelpartie des Schildvulkans ein und legte den Askjakessel an.

Sieht man sich nach den Beweisen Recks um, so konstatiert man, daß sie nicht Beobachtungen im Felde entwachsen sind, sondern daß sich sowohl die Deutung als Horst- wie als Schildvulkan hauptsächlich aus Analogieschlüssen ergeben hat (S. 28, 95), und zwar sind es Schlußfolgerungen aus Auffassungen, die Reck selbst erst kurz vorher entwickelt hat und die somit ohne weiteres nicht als erkannte Tatsachen hingenommen werden können, sondern erst kritisch beurteilt werden müssen. Ob Reck berechtigt ist, seine an anderen Punkten Islands gewonnenen Ansichten auf die Dyngjufjöll zu übertragen und ob seine Schlüsse an jenen Stellen, an denen sie abgeleitet waren, überhaupt zu Recht bestehen, soll hier nicht beleuchtet werden. Hier genügt es, die Erklärungen Recks an der Hand der jetzigen Kenntnis an den Dyngjufjöll selbst, für die sie aufgestellt sind, zu prüfen und zu sehen, ob sie in diesem Gelände stichhaltig sind oder nicht.

Das Gebirge soll in Staffeln seinem Rande zu abgebrochen sein. In der Tat sind in der westlichen Nordhälfte jene drei Geländestufen vorhanden, die auch Reck für seine Ansicht heranzieht. In gleichem Sinne führt er das West-Ost gerichtete Sigurdurskard ins Treffen. Ein zweites Tal, daß nach Reck auf der Höhe von Jónsskard abzweigt, ist jedoch nur scheinbar vorhanden. 1910 führte es meinen Führer und mich irre, da wir in ihm eine tiefere Verbindung zur Askja als sie Jónsskard bietet zu erkennen vermeinten, aber bald wahrnahmen, daß es kein Taleingang war, sondern eine Nische oder Mulde in den Bergen, die schnell zu beträchtlicher Höhe in die Berge hinaufführte und der Pferdekarawane nicht geringe Schwierigkeiten bereitete. Reck führt, wenn ich ihn recht verstehe und das Zitat S. 24 seiner Arbeit nicht zum vorhergehenden Satze gehören soll, an, daß auch Erkes von der Höhe beim Jónsskard ein breites muldenförmiges Tal erwähnt. Erkes beschreibt jedoch nur das Sigurdurskard als ausgesprochenes Tal, außerdem aber nur eine Mulde, die ziemlich steil hinaufgeht und wohl mit der von mir soeben genannten identisch ist. Ferner teilt Reck mit, daß von der Westseite des Öskjuvegur Ost-West gerichtete Täler abzweigen. Nur für ein einziges trifft es zu, es ist aber am Ostende dasselbe, das unterhalb Jónsskard abzweigt, nämlich das Sigurdurskard. Von weiteren Tälern — denn nur um solche kann es sich nach den Angaben Recks handeln, nicht aber um Nischen und Rinnen — ist mir hier nichts bekannt, obwohl ich am ganzen Westrand des Öskjuvegur entlang gewandert bin. Über die Auffassungen Recks über die Askjaform und das angebliche Verschneiden ihrer Gehänge wie über die Nord-Süd laufenden Kraterreihen zwischen Öskjuvegur und Eystriskard habe ich mich schon ablehnend äußern müssen (übrigens spricht Reck an einer Stelle (S. 25) auch von Ost-West-Bruchlinien in diesem Gebiet, ohne aber irgend einen Beleg anzuführen), so daß ich sie als Beweispunkte für ein meridional und senkrecht dazu gerichtetes Abbrechen der Dyngjufjöll nicht anzuerkennen vermag; auf die Südgrenze des Öskjuvegur und seine Bedeutung werde ich bei der Würdigung der Askja noch eingehend zurückkommen. Des weiteren kommt Reck auf eine Anzahl von Gängen in den Ost- und Südbergen zu sprechen, die aber auch für ihn nicht für seine tektonische Auffassung beweisend sind, sondern die er unter dem Gesichtspunkt behandelt, ob sie mit der Annahme eines früheren Schildvulkans vereinbar sind. Nord-Südstörungen in den Südbergen sind ganz junger Natur und scheiden für Reck selbst unter den beweisenden Momenten aus.

Vorstehende Angaben, von denen ich also nur die richtige Angabe über den Verlauf des Sigurdurskard und der Geländestufen beim Aufstieg zum Jónsskard als stichhaltig anzuerkennen vermag, sind Recks auf eigener Anschauung fußende Gründe für seine tektonische Auffassung vom Bau der Dyngjufjöll. Gesetzt den Fall, daß alle Gründe, die Reck anführt, für seine Ansicht sprächen, selbst dann scheinen sie mir noch bei weitem nicht eine auch nur einigermaßen ausreichende Grundlage für eine so weitgehende Hypothese über ein Gebiet von 300 qkm abzugeben, und das um so weniger, als RECK große Teile des von ihm behandelten Gebietes gänzlich unbekannt waren, wie der gesamte Westen. So sehr RECKS Bestreben hoch anzuerkennen ist, den Bau der Gebirgsmasse entschleiern zu wollen, so sehr bedaure ich, ihm auf dem Wege, den er eingeschlagen hat, nicht folgen zu können.

Es ist selbstverständlich, daß ich nach einem negativen Urteil über das Beweismaterial auch nicht der großen Zahl weitgehender Konsequenzen, die RECK aus seiner Hypothese zieht, beizupflichten vermag. Ich führe nur die Schlußfolgerungen, die RECK aus ihr ableitet, auf:

1. Der Umriß der Dyngjufjöll ist die Resultante zwischen zwei verschieden wirkenden Kräften, nämlich zwischen den Tendenzen geradlinigen Abbruches an der vorgezeichneten Nord-Süd- und Ost-Westlinie und der für vulkanische Einbrüche typischen Tendenz zu rundlichen Einbrüchen.

2. Die Dyngjufjöll verdanken ihrem morphologischen Schildvulkancharakter die Herausbildung der tafelbergartigen Horstgebirge und ihre Resistenzfähigkeit gegenüber den Bewegungen der sinkenden Erdschollen ihrer Umgebung.

3. Der Einfluß der tektonischen Linien war zweifellos stärker denn der der vulkanischen.

4. Die Pässe stellen Linien des Ausgleiches der Spannung zwischen Nord-Südlinien und Ost-Westlinien des vulkanisch-tektonischen Aufbaues dar.

5. Der Nordosten der Dyngjufjöll markiert die Stelle der größten Nachgiebigkeit und damit der stärksten Versenkungen.

6. Der Einbruch der Gipfelpartie des Askjaschildvulkans ist wesentlich jünger als die Absenkung seiner Umgebung.

7. Die Spalten und Gangsysteme der Dyngjufjöll sind in Abhängigkeit von den Abwärtsbewegungen der Umgebung gegen den festen Horst des zentralen Askjavulkans entstanden, und die Gänge in den Ostbergen stehen in einer gegenseitigen Abhängigkeit zu den Bruchrändern des Gebirges.

8. Die Basalte unter dem Süden des Öskjuvegur fallen deshalb nach Osten, weil im Westen das Tuffgebirge in höherem Niveau stehen blieb und durch seinen Widerstand das Absinken der Schollen hemmen mußte, während im Osten dieser Widerstand fehlte.

9. Die Lavabänke in der Umgebung des Fußes von Jónsskard haben ihre Quellen über der heutigen Askja gehabt.

10. Die Askja ist parallel den äußeren Bruchspalten eingebrochen.

Die sich ergebende Frage, wo denn die Magmaergüsse des die Dyngjufjöll bedeckenden Schildvulkans geblieben sind, wird folgendermaßen beantwortet, da die im Vergleich zu den ganzen Dyngjufjöll doch an Ausdehnung recht bescheidenen Geländestufen bei Jónsskard und der Süden des Öskjuvegur auch für Reck zu winzige Reste sind. Beim Niederbrechen der Flanken der Dyngjufjöll wurde die überlastende Lavadecke mit Gewalt zerbrochen. Zu den nunmehr von Spalten zerrissenen Lavaschollen fanden die Atmosphärilien sehr leicht Zutritt, ganz besonders dort, wo die Tuffunterlage bloßgelegt war, so daß durch deren rasche Verwitterung der Lava der Untergrund entzogen wurde. Auf diese Weise kam es zu gewaltigen Blockansammlungen am Fuße der Dyngjufjöll. Da sie jedoch nach Recks eigenen Angaben dort gegenwärtig gänzlich fehlen oder nur in sehr geringen Quanten auftreten, so nimmt er an, daß sie dort nachträglich von der Lava des Ódádahraun überströmt und verdeckt worden seien. Reck sucht also das Nichtvorhandensein einer mächtigen Lavadecke dadurch verständlich zu machen, daß er sie wieder verschwinden läßt. Eine einfache Überlegung hätte Reck von der Unrichtigkeit dieser hypothetischen Konsequenz einer Hypothese überzeugen können. Soll der Süden des Öskjuvegur ein besonders tief abgesunkener Rest des konstruierten Schildvulkans sein, so muß gerade er unter gewaltigen Blockansammlungen begraben sein, falls man nicht wieder eine Hypothese aufbauen will und sagt, jenes Stück sei später abgesunken. Nichts ist von den Blockansammlungen zu sehen; die Lava trägt noch deutlich erhaltene Fließwülste, wie Reck selbst zutreffend bemerkt, zeigt also noch eine ganz unversehrte Oberfläche. Ich komme also zu einer gänzlichen Ablehnung der Reckschen Auffassung über den Bau der Dyngjufjöll einerseits auf Grund des von ihm selbst niedergelegten Materials, anderseits auf Grund meiner eigenen Beobachtungen.

b) Die Askja.

Die heutige Askja bietet ein ganz anderes Bild, als es Stratovulkane in ihrem Krater zu offenbaren pflegen. Nichts von heftigen Eruptionen, heißem Wasser, fauchenden Dämpfen und Feuersglut, sondern ein großes erstarrtes, schwarzes Lavameer deckt ihren Boden (Fig. 21).

Johnstrup sieht in ihr einen Kessel, der nach und nach von einer Unmenge von Lavaströmen aufgefüllt wurde, die zahlreichen

Kratern in den Bergen, die den Kessel einschließen, zu verschiedenen Zeiten entquollen. Fast ebenso denkt sich Lock die Askja entstanden, nur daß nach ihm der Austrittspunkt des Magmas im Kessel selber lag und wahrscheinlich allmählich verstopft wurde. Thoroddsen hat verschiedene Ansichten geäußert. 1885, 1888 und 1891 stimmt er mit Johnstrup überein. Im „Ódádahraun" schreibt er, daß das Mittelstück der Dyngjufjöll einstürzte und so die Askja entstand. In seinem Werke Island (1905) nennt er die Askja den Krater der Dyngjufjöll (S. 134: Das Gebirge Dyngjufjöll mit dem Kratertal

1907. H. Sp.

Fig. 21. Die Askja von Wattsfell aus Südwesten gesehen. Links der Paß Trölladyngjaskard.

Askja ist ein sehr alter Vulkan). 1907 habe ich zuerst verschiedene Phasen unterschieden. Über dem heutigen Askjaboden stand ein Schildvulkan von Hawaischem Typ. Seine Gipfelpartie stürzte in größerem Umfange ein. Die niederbrechende Scholle quetschte an ihrer randlichen Bruchzone sekundär Schmelzfluß aus, der sich in den Kessel ergoß und ihn auffüllte, bis sich durch das Op ein Abfluß bot. Zu den prinzipiell gleichen Ergebnissen ist Reck auf anderen Wegen gelangt, nur über die Größenordnungen an dem Schildvulkan sind die Meinungen sehr geteilt.

1. Der Askjalavasee und sein Abfluß.

Der Grundzug in der Lavafläche am Askjaboden ist seine Einheitlichkeit. Es ist keine Sonderung in einzelne Lavaströme möglich. Lock meint freilich solche zu erkennen, da sich teilweise ein Flechtenüberzug findet. Gewiß kommen Flechten und Moose vor, aber immer nur mehr oder minder vereinzelt am ganzen Askjaboden, so daß sich eine Alterssonderung nach einer vegetativen Bedeckung sicherlich nicht vornehmen läßt. Ferner besitzt die Lava

1907. H. Sp.

Fig. 22. **Lava des Askjabodens, bedeckt mit Auswürflingen von Bimsstein, im Westen des Rudloffkraters.**

ein einheitliches Gefälle von Südwesten nach Nordosten und dementsprechend im großen und ganzen auch eine einheitliche Struktur. Sie ist eine Blocklava von äußerst unruhiger Oberfläche; nur im Südwesten sind mehrere Inseln einer Plattenlava eingeschaltet, die ich 1910 von den Höhen der Westberge sehr schön übersehen konnte und die vor mir schon Erkes im gleichen Jahre wahrgenommen hatte. Später ersah ich, daß auch Reck bereits einen Teil von ihnen kannte. Diese isolierten Lavapartien zeigten keinen allmählichen Übergang zur Blocklava, sondern schienen einem älteren Strome anzugehören. RECK ist zu dem gleichen Ergebnis gekommen und hat die Aufmerksamkeit auf eine Reihe eigenartiger Gebilde auf ihrer Oberfläche gelenkt, die er als Staufalten auffaßt. Ihre Entstehung führt er auf tektonischen Einfluß zurück, wofür das gelieferte schematische Profil kaum spricht, da bei einseitigem Druck sich die Formen wohl schwerlich symmetrisch emporwölben werden. Die Lava soll der fertigen Zentralpartie des ursprünglichen Askjaschildvulkans angehört haben, die Staufalten selbst erst bei der Absenkung des Askjavulkans entstanden sein; bei diesem Vorgang war die Lava noch plastisch, da sie vielleicht eben erst gebildet war oder aus der Tiefe vulkanische Wärmezufuhr erhielt. Irgendwelche Beobachtungen nach dieser Richtung hin werden nicht als Belege aufgeführt.

Die Lavaoberfläche ist an einer Reihe von Stellen von Spalten durchzogen, die aber regional alle an die Hohlform, die der Knebelsee einnimmt, geknüpft sind und bei seiner Darstellung noch gewürdigt werden. Die Karte von CAROC verzeichnet hingegen eine mit diesen nicht zusammenhängende große offene Spalte, die in meridionaler Richtung zwischen Jónsskard und Knebelsee verläuft. Ich habe weder 1907 noch 1910 etwas von ihr bemerken können, trotzdem ich wiederholt die Stellen ihrer angeblichen Lage gekreuzt habe, noch hat ERKES, der gleichfalls sein Augenmerk auf sie gerichtet hatte, sie entdecken können, noch erwähnt sie RECK. Es ist deshalb wohl anzunehmen, daß JOHNSTRUP mit CAROC bei der ungünstigen Schneebedeckung während ihres Aufenthaltes hier durch minimale Einbrüche in der Lavaoberfläche getäuscht wurden.

Das große einheitliche Lavameer in den Dyngjufjöll legt Kunde von einem Feuersee in den Dyngjufjöll ab. Er hat einen Ausgang durch das Op gefunden. Dort ist das Magma zu einem Strom zusammengezwängt worden mit all den typischen Erscheinungen einer plastischen Masse: die größte Höhe in der Mitte, ein langsames, aber ausgesprochenes Fallen den Rändern zu und ein allmähliches Abnehmen der Höhe in der Flußrichtung. Mehrfach befinden sich Einbrüche in dem Strom, so befindet sich beispielsweise einer nahe dem Westende des Op mit den Dimensionen $5 \times 40 \times 50$ m = 10 000 cbm. Für diese Einbrüche im Strom trifft wohl die alte Erklärung zu, daß die Lavamasse oberflächlich und randlich zuerst abkühlte, während der Schmelzfluß in der Tiefe noch in Bewegung war und weiterströmte, so daß Hohlräume entstanden, in die die kaum erstarrte Lavakruste hineinstürzte, solange sie noch nicht die Festigkeit erlangt hatte, sich selber zu tragen. Der Strom läßt sich noch weit ins Ódádahraun hinein verfolgen. Ich nahm 1907 an, daß er dort 60 m über einer älteren Lavaoberfläche mit konvexer Krümmung endet; nachdem ich aber 1910 die weitere Umgebung kennen gelernt habe, ergab sich, daß er sich noch viel weiter von den Dyngjufjöll fort erstreckt, bis nahe an Vikrafell, und dabei gleich einem Schuttkegel allmählich an Breite zunimmt und an Höhe verliert, daß sich also die Lava, aus dem Op in ein niedrigeres Gelände kommend, nach allen Richtungen ausgebreitet hat. Namentlich vermag man von den Herdubreidartögl und von der Vadalda aus den gewaltigen „Lavastromkegel“ deutlich wahrzunehmen.

1907. H. Sp.

Fig. 23. Lavastrom am Westende des Op.

Die große Lavamasse, die ich auch in der oberflächlichen Ausdehnung weit größer schätze als jene Masse, die den Boden der Askja überzieht, stammt zweifellos aus der Askja. Durch diese Erkenntnis ist eine andere Tätigkeitsphase dieses Kessels sichergestellt, die eines großen magmatischen Ergusses. Es drängt sich sofort die Frage auf, wie dieser Erguß im einzelnen verlaufen ist. Zu ihrer Beantwortung sind am Nord- und Westufer des Knebelsees Anhaltspunkte zu finden. Sie repräsentieren unter Zackenlava an der Oberfläche Basaltbank über Basaltbank, im großen und ganzen horizontal und parallel zueinander gelagert. Untereinander werden sie durch rotgebrannte Schlackeschichten voneinander getrennt, die alle einmal eine Oberfläche gebildet haben, wie schon Johnstrup sehr richtig bemerkte. Reck ist ein schematisches Übersichtsprofil zu danken.

2. Die Nordebene.

Gesetzt den Fall, daß der Aufschluß am Nord- und Westufer des Knebelsees Gültigkeit für den prinzipiellen Bau des gesamten Askjabodens besitzt, eine Annahme, die berechtigt ist, wenn man sich die Einheitlichkeit der Askjaoberfläche einerseits und die Gleichartigkeit des großen Aufschlusses anderseits vergegenwärtigt, so ergibt sich, daß der obere Teil der Askja aus verhältnismäßig dünnen, übereinander gelagerten Lavabänken besteht, daß also der Askjaboden früher tiefer lag und nach und nach von Lava aufgefüllt wurde, wie schon Thoroddsen in seiner Arbeit Ódádahraun folgerte. Damit ist nicht ohne weiteres bewiesen, daß die Basaltlagen „ihrer Struktur nach... unzweideutig auf einen einst über der Askja gelegenen Schildvulkan hinweisen“ (Reck). Diese Konsequenz findet in der alleinigen Betrachtung der Aufschlüsse am Knebelsee gar keine Stütze, sondern kann erst im Zusammenhang mit einer großen Lavaebene im Nordosten der Dyngjufjöll, der Nordebene, diskutiert werden, die die Südhälfte des Öskjuvegur verkörpert. Ich habe 1907 auf die genetische Verwandtschaft der Aufschlüsse am Knebelsee und jener am Südrand der etwas höher gelegenen Lavaebene aufmerksam gemacht und gefolgert, daß diese Lavaebene sich früher in die Askja fortsetzte, nachträglich aber in der Askja gesenkt sei, dagegen im Öskjuvegur in ihrer primären Höhe stehen blieb. Hieraus zog ich den für den Mechanismus der Askja ganz belanglosen Schluß, daß der Eruptionspunkt dieser Laven über dem heutigen Askjaboden „mutmaßlich näher dem Ostrand als dem Westrand der Askja“ lag. Reck gelangt zu einem ähnlichen Resultat; auch nach ihm setzte sich die Oberfläche vom südlichen Öskjuvegur in die Askja hinein fort, auch nach ihm ist die Askja nachträglich eingebrochen, jedoch besteht ein Unterschied in unseren Auffassungen darin, daß Reck für den Süden des Öskjuvegur keine primäre Lage annimmt, sondern auch diesen Teil für nachträglich gesenkt hält. Da ich 1907 über das betreffende Gelände noch eine größere Reihe bislang unpublizierter Beobachtungen gesammelt hatte und 1910 eine nicht unwesentliche Erweiterung der topographischen Kenntnis in Erfahrung bringen konnte, so sei an der Hand dieses Materials eine neue Darstellung der Nordebene gegeben. Es ist das um so mehr erwünscht, da ihr Querschnitt im Verein mit dem Trölladyngjaskard den Schlüssel zum Verständnis der Entwicklungsgeschichte der Askja liefert.

Von der Nordebene, die zum Askja Op in einer 40 m hohen senkrechten Wand abfällt, habe ich im Sommer 1907 keine recht klare Vorstellung gewinnen können, da ich nur ihren Süd- und Ostrand kennen zu lernen Gelegenheit fand und sie zur Zeit meiner Anwesenheit fast überall unter Schnee begraben war. „Große Ebene im Norden zwischen den Vulkanen am Ostende der Dyngjufjöll und den Bergen östlich von Jónsskard, nach Südosten fallend" schrieb ich in mein Tagebuch. 1908 hat Erkes zuerst Genaueres mitgeteilt. Er stellt sie auf seiner Karte als eine etwa halbkreisförmige Ebene dar und sagt, daß sie einen der Askja ähnlichen tellerförmigen Eindruck erweckt, nur in kleineren Dimensionen. West- und Ostgrenze vom Südende entsprechen etwa dem Westen des Op bis zu seiner Mitte, doch läßt Erkes die Westgrenze noch ein beträchtliches Stück weiter nach Westen greifen. Recht verschieden von Erkes schildert Reck die Ebene, die er gerade auf die Nordseite des Op legt. Auf seiner Karte stellt er sie ungefähr quadratisch dar. In der Beschreibung hebt er hervor, daß die Westgrenze keine gerade Linie sei, sondern etwas gezackt verläuft, was dadurch bedingt wird, daß die Tuffberge nordwärts immer weiter kulissenartig gen Osten vorspringen. Anderseits sagt Reck aber auch, daß die westliche Grenzlinie der Ebene scharf die Höhen der benachbarten Tuffzüge abscheidet. Geneigt ist die Ebene nach ihm schwach nach Osten, an einer anderen Stelle betont er, daß sie nicht nur nach Osten, sondern auch nach Süden fällt.

1910 habe ich die ganze Ebene nach zwei Richtungen gequert und bin fast ihren ganzen Rand abgegangen. Das Bild, das sich für ihre Ausdehnung ergab, ist ein anderes, als wie es Erkes und Reck entworfen haben, was verständlich sein dürfte, wenn man bedenkt, daß Erkes damals nur die Südflanke und einen Teil der Westflanke bis zum Beginn der dortigen Solfatarenfelder kannte. Reck ist, nach seiner Beschreibung geurteilt, nicht einmal bis zu den Solfatarenfeldern gekommen. Die Ebene wird ungefähr von zwei Ost-West orientierten langen und zwei Nord-Süd streichenden kurzen Seiten eingefaßt, jedoch mit zwei markanten Unterbrechungen. Im Süden schiebt sich ein isolierter Tuffberg vor, während sich im Nordwesten eine breite Öffnung findet, die gen Norden aus den Dyngjufjöll herausführt. Ost- und Westgrenze vom Süden der Ebene fallen ungefähr mit einem Punkte nahe der Mitte von Askja Op und einem in der Richtung nach Jónsskard zusammen, so daß meine Darstellung der Terrainverhältnisse noch am meisten der von

ERKES ähnelt. Die Gefällsverhältnisse an der Oberfläche sind derart, daß der überwiegende Teil nach Norden geneigt ist und auch in dieser Richtung entwässert; die Abwässer des Solfatarenfeldes im Westen bewegen sich gleichfalls in dieser Richtung. Hingegen wird nur ein bescheidenes Quantum des Wassers auf der Ebene in südlicher Richtung fortgeführt. Es stürzt an der Südgrenze in einem Wasserfall, auf den schon vielfach aufmerksam gemacht wurde, ins Op hinein. Die Richtung des Wassers ist nicht im allgemeinen südlich, wie ERKES eingezeichnet hat und woraus RECK weitgehende Schlußfolgerungen herleitet, sondern die Strömungstendenz geht

1907. H. Sp.

Fig. 24. Blick von den östlichen Westbergen über das Op auf die Nordebene, die vom Kollur eingefaßt wird.

nach Norden. Nur kleine Bäche bewegen sich senkrecht zur Wand, eine größere Ader kommt aus Nordwesten und stürzte 1907 an der Ostseite der zweiten Nische (Fig. 24) hinab. Es sind nur vorübergehende Schneeschmelzwasser, so daß weder ein deutliches Bachbett eingeschnitten ist noch der Wasserfall Spuren rückschreitender Erosion zeigt, Anzeichen, die im vorliegenden Falle keineswegs auf ein besonders junges Alter hinweisen, sondern die Tätigkeit des Wassers ist hier außerordentlich langsam, da seine Arbeitszeit während der Schneeschmelze nur recht kurz bemessen ist. 1910 war es Mitte August schon außer Tätigkeit, und wenn ich die Stelle des Wasserfalles nicht von früher her gekannt hätte, wäre ich auf die kleine, zum Op gerichtete Entwässerung wahrscheinlich gar nicht aufmerksam geworden. Es trifft also die südliche Oberflächenneigung nur für einen kleinen Teil im Süden der Nordebene zu.

Die Oberfläche der Ebene besteht aus Lava, die fast durchgehends recht verwittert ist. Glaziale Spuren habe ich jedoch nicht wahrzunehmen vermocht. Die Herkunftsstellen des Oberflächenmagmas sind zum Teil in den westlich anstoßenden Dyngjufjöll klar zu sehen. Ein kleines Quantum rührt von einigen minimalen Ausbruchspunkten her, die südöstlich des Solfatarenfeldes auf der Ebene sitzen und Magma nach Norden haben ausfließen lassen.

Die Wand, in der die Ebene gen Süden abbricht, wird aus Basaltbänken aufgebaut. Die Mächtigkeit der einzelnen Bänke variiert zwischen 2 und 15 m. Sie bestehen nicht aus einer kompakten homogenen Masse, sondern bei genauerer Prüfung gewinnt man das Resultat, daß erst eine Unzahl kleinererSchichten, die an Dicke die Spanne einer Hand nicht übersteigen und bald auskeilen, bald anschwellen, eine Bank zusammenfügen. Jede der einzelnen Schichten bewahrt makroskopisch denselben petrographischen Charakter, nur die strukturelle Ausprägung in der Porosität ist unbeständig, indem das Material teils fein durchsiebt ist, teils eine kompaktere Beschaffenheit annimmt und nur von vereinzelten großen Blasenräumen durchsetzt wird. Getrennt werden die einzelnen Schichten durch zarte, selten bis fingerbreite, äußerst poröse Lagen. Figur 26 gibt einen kleinen Ausschnitt aus einer derartigen Lavabank im Nordwesten des Op. Zu oberst liegt eine Schlackenkruste,

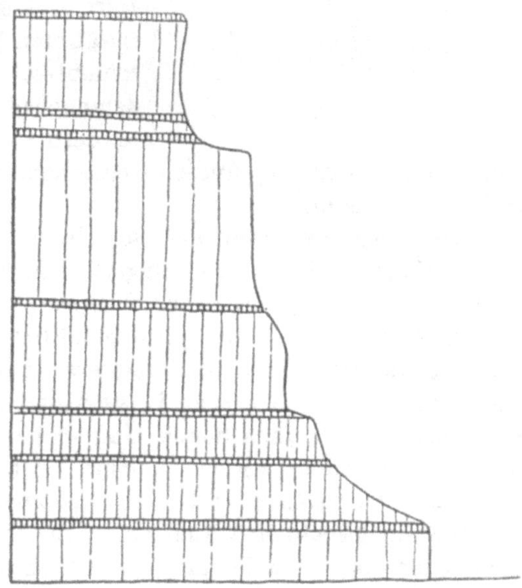

Schlackelagen.

Fig. 25. Profil der Basaltdecken am Nordwestrand von Askja Op. Höhe 40 m.

die in ihren unteren Teilen fest mit der Bank verwachsen ist. Auf eine gleichmäßig durchlöcherte Schicht, in der die Hohlformen etwa Bleistiftdicke erreichen, folgen die Querschnitte einer Reihe von Blasen, die senkrecht zur Flußrichtung stehen. Unter ihnen keilt eine Lage kompakten Basaltes aus, die eine ebenfalls auskeilende Lage großer, weit verteilter Blasen vom Durchmesser eines kleinen Fingers deckt. An sie schließt sich eine durchlöcherte Zone an, die der obersten ähnelt, im Gegensatz zu ihr aber allmählich in kompakten Basalt übergeht. Die einzelnen Lagen werden niemals durch Schlacken voneinander getrennt, sondern durch die bereits erwähnten äußerst porösen Zwischenschichten. Die einzelnen Lagen sind demnach nicht individualisierte Ströme, sondern Erstarrungsformen an ein und demselben Lavastrom, freilich verursacht durch Strömungen zweiter Ordnung in ihnen.

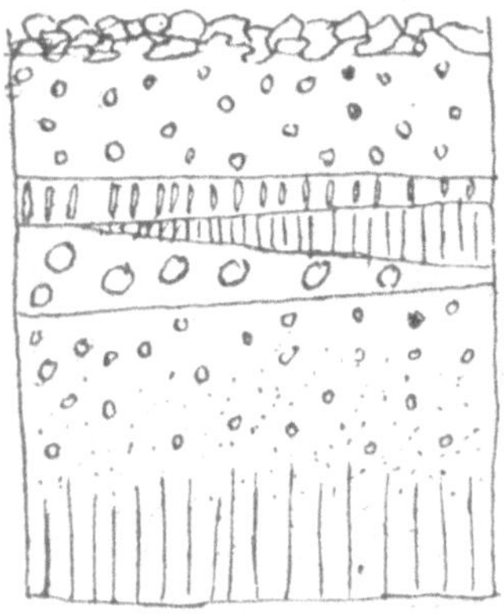

Fig. 26.

Ein Komplex derartiger Schichten baut eine Bank auf, von denen mehrere übereinander lagern, wie Figur 25 dartut, die einen Ausschnitt aus der Wand am Westende von Askja Op reproduziert. Die einzelnen Bänke sind grob geklüftet und zerfallen in prismaähnliche Säulen. Doch sind letztere nicht von jener regelmäßigen Ausprägung, wie sie gerade in basaltischem Gestein so häufig vorkommen, sondern ihre Seiten sind mehr oder minder konkav oder konvex gekrümmt; hierzu kommt, daß ihre Flächenzahl stark schwankt. Die Bänke laufen untereinander parallel und fallen im Nordwesten des Op fast kontinuierlich unter einem Winkel von 6° nach Osten ein. Voneinander geschieden werden sie durch Zwischenlagen von roten, schwammigen, äußerst porösen Schlacken, die infolge Verwitterung sofort in kleine Stücke zerfallen, während die Lava nur in großen Blöcken herabstürzt.

Die einzelnen Bänke entsprechen zweifellos einzelnen Lavaströmen, die übereinander geflossen sind, wie die Schlackenschichten bezeugen, die sich zwischen die Bänke einschalten. Die Ergüsse können zeitlich nicht weit auseinander gestanden haben, da sich nirgends eine beachtenswerte Wirkung abtragender Kräfte an ihrer Oberfläche erkennen läßt, vielmehr erhält man den Eindruck, daß eine Bank kaum erkaltet war, als die nächsthöhere sich schon über sie ergoß. Das Magma muß sich ferner in sehr dünnflüssigem Grade ausgebreitet haben, wie das Gleichmaß der Schichtenanordnung lehrt.

Einen Teil dieses Wandprofils habe ich 1907 eine kleine Strecke weit verfolgt, und zwar einen Ausschnitt beim Westanfang des Op. Die Wand formt dort nicht eine gerade Linie, sondern weicht vor und zurück und bildet Nasen und Nischen, unter denen besonders zwei größere in die Augen fallen, zwischen denen zwei minder tiefe eingeschaltet sind. Sie seien im folgenden kurz von Westen nach Osten mit I, II, III, IV bezeichnet, wonach also I und IV den beiden größeren, II und III den beiden kleineren entsprechen. Die Wand wird hier von der Fortsetzung jener Decke aufgebaut, die das Profil wiedergab. Die beiden obersten Bänke ließen sich ununterbrochen verfolgen, während die tieferen zum Teil unter Schutthalden und Schnee begraben waren. Die untere der beiden obersten Schlackelagen bildete in der Schneeschmelzzeit vorübergehend während einiger Tage einen kleinen Quellhorizont, jedoch entlief ihm nur sehr wenig Wasser.

Wie regelmäßig die Wand auf den ersten Blick auch gebaut zu sein schien, so ergaben sich bei genauerem Studium doch allerlei auffallende Abweichungen von der Gleichmäßigkeit. So war zwischen Nischen II und III an einer leicht kenntlichen Stelle ein Ausbruch erfolgt. Ein basaltischer Lavastrom, dessen Oberfläche $^1/_2$ m hoch von Schlacken besetzt wird, ist in Form eines sehr steilen Kegels, dessen Bodenfläche 110 Schritt breit ist, in das Op hinabgestürzt. Er macht einen ganz jungen Eindruck. Ein zweiter ähnlicher Vorgang hat sich zwischen Nische III und IV ereignet. Die Böschung beträgt unten: 39°, im obersten Viertel 29°. Die Schlackenbedeckung mißt etwa $^1/_4$ m, die Bodenbreite maß 120 Schritt. Im Innern von Nische IV ist ein weiterer Ausbruch erfolgt, und bis zur Ostecke der gleichen Nische folgen noch drei weitere, soweit bei der Schneebedeckung zu ersehen war; der letzte von ihnen ist gerade an der Ostecke der Nische gelegen. Er besteht aus einem Erguß wenig poröser basaltischer Lava, die von einer einen Meter mächtigen Lage poröser und grob geklüfteter Schlacken bedeckt wird. Ein Teil der Lava ist jedoch auch glasig mit muscheligem Bruch. Alle diese Ausbrüche waren an den gleichen Horizont gebunden.

Alsdann — und damit kommen wir zur Ostgrenze der Ebene, während das Profil noch weiter läuft — folgt eine Partie, an der Tuff ansteht. Hier ist eine bedauerliche Lücke in meinen schriftlichen Beobachtungen. Soweit ich in Erinnerung habe, legt sich der Basalt an den Tuff. In dem Tuff ist der 1,10 m breite Querschnitt eines etwa vertikal stehenden Basaltganges herausgewittert, von dem mehrfach Apophysen abzweigen. Der Basalt ist in unregelmäßigen Prismen abgesondert, die senkrecht zur Wandfläche stehen, also ungefähr horizontal liegen, aufeinander gepackten Holzscheiten vergleichbar. Das Gestein ist mit Ausnahme des Randes kompakt, im Innern trägt es einen Stich ins Glasige. Beiderseits wird der Gang von einer ganz porösen Basaltbreccie und Tuffbreccie umschlossen. Auf der Ostseite ist ein ausgesprochener Kontaktmetamorphismus vorhanden, indem der Tuff dort rotbraun gebrannt ist, so daß es sich um eine basaltische Intrusion in den Tuff handelt. Es ist möglich, daß dieser von mir 1907 (S. 386) aufgefundene Gang identisch ist mit jenem, den Reck aus dieser Gegend beschreibt.

Es folgen dann zwei kleine Vulkane, zwischen denen sich ein flaches Synklinaltal einschaltet, dessen Westgehänge 27° und dessen Ostgehänge 31° fallen. Ein Profil am Westrand des östlichen Vulkans zeigte nahe dem Tal von unten nach oben: 12 m Tuff und Breccie, 4 m dasselbe, aber metamorphisiert und rot gefärbt, darüber 4 m dunklen, pechsteinartigen Lavastrom, der von Lapilli bedeckt war. Nach Nordwesten zu ist eine runde Krateröffnung von 35 Schritt Durchmesser gelegen, deren Südostrand 25 m höher als der Nordwestrand ist. Unter einer Schlackendecke ist basaltische Lava bloßgelegt. Dieser kleine Vulkan sitzt dem soeben beschriebenen Tuff auf; es ist deutlich zu sehen, wie der Tuff älter als die Lava ist.

Man erkennt also mancherlei örtliche Störungen in diesem Teil der Wand, was auch für den übrigen gilt, an dem ich nur mehrfach entlang gewandert bin, ohne ihn näher zu untersuchen. Trotzdem ist aber der Gesamteindruck des langen Aufschlusses im Nordwesten des Op einheitlich. Es haben sich Deckenergüsse leichtflüssigen Materiales übereinander ausgebreitet, die teilweise später durch vulkanische Kräfte aus ihrer primären Lage gebracht wurden.

Über die Herkunft der Lava gibt das Gefälle der Decken Auskunft. Das schon näher angegebene Sichsenken nach Osten weist auf einen Ursprungsort im Westen. Zunächst lassen sich die Bänke in dieser Richtung unschwer verfolgen. Plötzlich aber bricht die Fortsetzung am Westende der Nordebene ab. Die theoretische Fortführung vergewissert uns, daß der Austrittspunkt des Magmas in der Luft über der Askja gelegen haben muß.

Reck ist 1908 zu einem ähnlichen Ergebnis gelangt, aber auf ganz anderem Wege. Habe ich mich lediglich an meine Beobachtungen gehalten, so gewinnt Reck seine Resultate aus Analogieschlüssen. Auch er nimmt einen Schildvulkan an, läßt aber nicht zu, die Nordebene zum Ausgangspunkt für die Rekonstruktion zu nehmen, da sie sich nach ihm nicht mehr in ihrer ursprünglichen Lage befindet, sondern im Westen und Osten von Verwerfungsspalten begrenzt wird, an denen sie nachträglich ganz beträchtlich abgesunken ist. Als Beweis für diese Verwerfungen wird für den Westen der Nordebene mitgeteilt, daß sich an jener Stelle, an der sie an das Tuffgebirge stößt, eine schmale, stark mit Schutt erfüllte Schlucht befindet, die im Osten Basalt, im Westen Tuff zeigt. „Hier liegt also eine Verwerfungsspalte vor.“

Der Schluß ist nicht eindeutig, da die Schlucht auch an der ursprünglichen Berührungsfläche des Basaltes der Nordebene mit den Tuffbergen gelegen sein kann. Wäre es doch verwunderlich, daß die Nordebene gerade an ihrem Rande verworfen wäre, wo doch dieser Rand primär ganz willkürlich verlaufen ist, indem er durch die Terrainformen, in die das Magma floß, bedingt wurde. Die Schlucht kann dadurch eingerissen sein, daß bei der Entwässerung zur Zeit der Schneeschmelze das vom Tuff kommende Wasser auf den Basalt stößt, an ihm entlang läuft und am Askjarande einreißt. Daß die Talform einen jungen Charakter trägt, überrascht nicht, wenn man die Kürze der Zeit in Betracht zieht, die dem Wasser alljährlich zur Kraftentfaltung eingeräumt wird. Freilich widerspricht vielleicht der Wasserwirkung die Angabe Recks, die Schlucht sei stark mit Schutt angefüllt, so daß es sich möglicherweise um eine offene Spalte handelt. Aber auch dieses Moment spricht nicht entscheidend für eine Senkung der Nordebene, sondern man könnte mit gleicher Berechtigung auf eine Bewegung des Tuffgebirges schließen.

Allerdings könnte vielleicht ein ganz anderes Moment für eine tektonische Begrenzung des Westens der Basaltebene ins Feld geführt werden, nämlich jenes Solfatarenfeld, dessen erloschenes Südende Erkes hier 1908 auffand und das ich 1910 bis zu seinem Nordende verfolgte, wo ich es in voller Tätigkeit vorfand. Liegen die Solfatarenfelder auch gern auf Störungslinien, so ist auch hier der Schluß nicht notwendig, daß die Nordebene an ihm abgesunken ist. Es gehört dem Tuffgebirge an und kann in diesem an einer Zone relativer Auflockerung gelegen sein. Ferner möchte ich die Angabe Recks, die Nord-Süd-Grenzlinie der Nordebene schneide hier scharf die benachbarten Tuffzüge ab, dahin einschränken, daß es nur für den äußersten Süden zutrifft.

Das Solfatarenfeld erweckt wie alle Solfatarenfelder einen unheimlichen Eindruck. Unablässig raucht und dampft die Erde. Ein Wirrwarr von Farben, vom reinen Weiß bis zum giftigen Gelb und schreienden Rot, hebt sich scharf aus der sonst düsteren, so wenig farbenfrohen isländischen Landschaft ab. Nähert man sich, so nimmt das Auge wahr, wie die Dämpfe aus Löchern, um die sich bisweilen kleine Erhöhungen von Ausscheidungsprodukten gelegt haben, in die Luft steigen, hier kaum sichtbar, gleich einem leichten Hauche (Fig. 27), dort mit lautem Fauchen und Zischen. Meistens arbeiten sie regelmäßig, doch mitunter auch in scharfen Absätzen, eine Pause, ein heftiger Ausstoß, dann wieder eine Pause, lebhaft an das Gepuste einer abfahrenden Lokomotive erinnernd.

1907. H. Sp.

Fig. 27. Solfatarenfeld auf den südöstlichen Dyngjufjöll am Abfall zum Knebelsee.

In ihrer Lage zeigen die Solfatarenfelder eine bemerkenswerte Erscheinung. Überall dort treten sie auf, wo keine Oberflächenwasser oder hochstehendes Grundwasser den Boden durchtränken. Ist dieses der Fall, so verschwindet die Erscheinung und geht in andere Gebilde über. Sehr klar waren diese Verhältnisse am Westrand der Nordebene zu erkennen. Die Gehänge waren reich besetzt von Austrittsstellen heißer Gase, sobald aber die Öffnungen am Fuße der Erhebungen lagen, wo der Boden von Wasser streckenweise geradezu durchweicht war, verschwanden die trockenen Exhalationen, und an ihre Stelle traten Schlammpfuhle. Eine zähe, grau-violette Schlammasse in kleinen Pseudokratern von wenigen Metern Durchmesser wölbte sich langsam in uhrglasartiger Krümmung empor, um dann plötzlich auseinander zu platzen, nach allen Seiten einen widerlichen Brei spritzend.

Aus dem Auftreten der Solfataren geht hervor, daß ein innerer Zusammenhang zwischen ihnen und den Thermen insofern zu bestehen vermag, als sich die Solfataren, sobald sie in ein mit Wasser gesättigtes Gebiet zu liegen kommen, in warme Quellen oder Schlammpfuhle verwandeln können, eine Tatsache, die von Knebel sehr prägnant in die Worte zusammengefaßt hat: „Die Thermen können wir als im Grundwasser ertrunkene Solfataren, die Solfataren aber als trockene Thermen auffassen.“ In bezug auf alle Thermen wird diese Auffassung aber wohl keine Gültigkeit besitzen.

Ferner meint Reck, daß auch die Ostgrenze der Nordebene von tektonischen Bewegungen festgelegt ist. Nach ihm haben sich die Eruptionserscheinungen gegen das östliche Ende der Ebene gehäuft, dort regelrechte Vulkanreihen in Nord-Süd-Richtung aufgebaut, die an Abbruchslinien liegen und topographisch einen allmählichen Übergang zu den Laven des Ódádahraun vermitteln, so daß eine steile Abbruchswand der Nordebene hier nirgends zu deutlicher Ausbildung gelangt. An einer Stelle (S. 26) spricht Reck sogar von Verwerfungsrandspalten im Osten. Auch für diese Seite der Ebene vermag ich mich zunächst nicht der topographischen Darstellung anzuschließen. Wie ich schon bei der Darstellung der isolierten Vulkane in den Dyngjufjöll betonte, nehmen die Vulkane, die Reck von dort angibt, eine viel breitere Zone an, als wie es seine Beschreibung und insbesondere seine Karte veranschaulichen, zweitens häufen sie sich nicht gegen Osten, sondern bilden eine scharf umrissene Fläche, die sich auch gegen das Ódádahraun markant abhebt, und drittens ist es nicht nur nicht nachgewiesen, sondern sogar recht unwahrscheinlich, daß sie reihenförmig geordnet sind; bedeutendere offene Spalten habe ich hier überhaupt nicht gesehen. Zustimmen muß ich dagegen der Angabe Recks, daß diese Vulkanlandschaft zu den tiefsten Teilen der Dyngjufjöll gehört, aber nur in ihrer südlichen Hälfte. Sicherlich richtig ist auch, daß diese Vulkanlandschaft von einer Reihe von Brüchen durchzogen wird, über deren Verlauf und über deren Altersverhältnis zur Nordebene ich mir kein Urteil erlaube, da meiner Überzeugung nach nur eine Spezialmappierung Klarheit schaffen kann. Ist es doch möglich, daß diese tektonischen Linien älter sind als die Nordebene, was zweifellos für die Ostgrenze der Ebene an mehreren Stellen zutrifft. An ihnen stoßen unvermittelt alte Bruchwände an die Ebene, die selbst nicht disloziert ist. Daß hier überhaupt alte Brüche vorliegen können, erhellt möglicherweise auch daraus, daß der Nordosten des Dyngjufjöll sicherlich vor Erstarrung der Askja bereits der niedrigste Teil der Dyngjufjöll gewesen sein muß, sonst würde nicht gerade hier der Lavasee der Askja einen Ausweg gefunden haben und nicht gerade hier die größten Teile der Dyngjufjöll mit Lava übergossen worden sein. Es ist orographisch sehr charakteristisch, daß die Nordebene gerade in der Nähe des Op gelegen ist. Man könnte ja freilich auch annehmen, daß dieser Teil schon primär am tiefsten lag, dem widerspricht aber, daß der Süden des Op recht hoch liegt.

Recks Angaben über eine tektonische Ostgrenze vermag ich also nicht für stichhaltig zu erachten, vielmehr spricht ein anderer Punkt direkt dagegen. Der Ostrand der Nordebene ist überhaupt keine gerade Linie, sondern verläuft mit Aus- und Einbuchtungen äußerst regellos vom Op bis zum Kollur. Mein Ergebnis für die Nordebene lautet also: Sie wird von einer Anzahl von Deckenergüssen aufgebaut, deren Ursprungsort über der heutigen Askja gelegen haben muß. Zwar erfuhr die Ebene mancherlei lokale Störungen, doch ist sie Schollenbewegungen größeren Maßstabes nicht ausgesetzt gewesen.

3. Die vorletzte Askjaphase.

Mit Hilfe der Nordebene ist ein Gesichtspunkt für eine eruptive Tätigkeit der Askja gewonnen, die älter gewesen sein muß als jene, die den heutigen Askjaboden schuf. Etwa 40 m über ihm muß Lava angestanden haben. Forscht man nach, ob sich noch weitere Anhaltspunkte für diese Konsequenz finden lassen, so bietet zunächst der Trölladyngjaskard neues Material. 1907 war ich der Ansicht, daß er aus Tuffen aufgebaut war, weil eine kleine plateauartige Fläche in seiner Nähe solche zeigte. An den eigentlichen Paß bin ich jedoch damals, wie ich erst später ersah, nicht gekommen, sondern erst 1910. Er ist ein nur kurzes und niedriges Tal von etwa 100 m Tiefe, das durch eine flache Unebenheit in der Mitte zweiteilig gegliedert wird. Senkt er sich allmählich gegen Südwesten, so hat er ein steiles, nach Augenmaß etwa 50 m hohes Gehänge zur Askja. Der Scheitel des Passes liegt dicht am Askjarande. Von dem Paß aus hat sich im Verein mit Strömen, die einer nordwestlich von ihm gelegenen Spalte entquollen, eine große Lavamenge nach Südwesten ergossen. Allein, vergeblich sucht man in dem Paß nach einem Ausbruchspunkt, sondern die Verlängerung des Lavastromes führt wie die Deckenergüsse der Nordebene in die

Luft über den heutigen Askjaboden. Aber gegenüber der Nordebene besteht ein durchgreifender Unterschied, indem keine senkrechte Abbruchswand die Grenze zur Askja zieht, sondern Blocklava auf steilem Hang zum Boden des Kessels hinabführt.

Schon WATTS hat auf diesen Lavastrom aufmerksam gemacht. Er nahm an, er sei durch den Paß bergauf zur Askja geflossen, da er keinen Austrittspunkt des Magmas sah. LOCK hat, obwohl er nicht an Ort und Stelle war, die Erscheinung durch ein Fortbewegen in einem Lavatunnel zur Winterszeit zu deuten versucht. Beachtenswert ist, daß THORODDSEN in seinem Ódádahraun schon die Vermutung ausspricht, daß Lava durch den Paß aus der Askja herausgeflossen ist. Die ganze Masse bewegte sich ins Ódádahraun. Der größere Teil wandte sich zur Trölladyngja, auf welchem Wege er seine Grenze dort erreichte, wo heute die tiefste Zone zwischen ihr und ytra Nes, der Südspitze der Dyngjufjöll ytri, gelegen ist. Ein kleinerer Teil mag den Strom im Dyngjufjalladalur gespeist haben, der aber schon reifere Oberflächenformen trägt, Verwitterung in einzelne Stücke und Einebnung, was dieser Vermutung vielleicht widerspricht. Jedenfalls kann der Strom dieses Tales nicht von der Trölladyngja herrühren, da sich das Gelände in der Richtung zum Fuß dieses Vulkans noch um 100—150 m senkt.

Das Lavaauftreten am Trölladyngjaskard wird verständlich, wenn man den Westrand der Askja bis nach Jónsskard mit in den Kreis der Betrachtung rückt. Eine ausgesprochene Geländestufe lagert sich hier vor den Steilabfall der Dyngjufjöll, die aus Lava aufgebaut ist und sich allmählich zum Askjaboden herabsenkt. Man kann kaum von einer Terrasse sprechen, da sie zur Askjaseite keine scharfe Grenze besitzt, sondern dort sind Ströme, die in den Kessel geflossen sind. Gänzlich unverständlich ist an ihnen bei den gegenwärtigen Niveauverhältnissen, warum sie sich erst einheitlich flächenhaft ausgebreitet haben, um sich alsdann in den Kessel zu bewegen. Sowohl diese Erscheinung wie das wurzellose Fließen von Lava über das Trölladyngjaskard lassen sich sofort erklären, wenn man einen höheren Stand des Askjabodens annimmt. Befand er sich im Niveau des Trölladyngjaskard, so vermochte hier Lava aus der Askja herauszufließen. Auf der Zone zwischen diesem Paß und Jónsskard ist aber kein Ausgangstor für das Magma vorhanden, es erstarrte dort am Rande und bildete einen Saum. Der Lavaspiegel sank, der Saum war größtenteils schon erkaltet, und nur allmählich ging er in das neue Niveau über.

Derart wird man durch eine Gruppe von Erscheinungen im Westen der Askja zu der gleichen Erklärung wie im Nordwesten der Askja geführt, daß der heutige Askjaboden einmal rund 50 m höher gelegen hat. Sofort drängt sich die Frage auf: warum mußte diese Senkung in der nordöstlichen Askja zu einer ausgesprochenen Bruchwand führen, im Westen hingegen nicht? Dieser Widerspruch läßt sich unschwer lösen, wenn man sich die Magmaquellen des Feuersees vergegenwärtigt. Sein einheitliches Gefälle nach Nordosten weist auf einen Auftrieb des Magmas im Südwesten der Askja hin. Dort ist aus der Tiefe leichtflüssiger Schmelzfluß aufgestiegen und hat sich auf das Op hin bewegt. Erfolgte die Senkung des Lavaseebodens, so war das Magma nahe seiner Ursprungsstätte noch plastisch, dagegen im Nordosten bereits so weit erkaltet, daß eine scharfe Bruchwand entstehen konnte. Es könnte ja auch der Gedanke auftauchen, die Neigung des Askjabodens sei dadurch erfolgt, daß sich beim allmählichen Höhersteigen der Lava in der Askja plötzlich an irgend einem Punkte ins Op eine Abflußmöglichkeit bot. Dem widerspricht, daß das Op nirgends den Eindruck einer Überlaufschwelle erweckt, sondern auch ohne seinen Lavastrom den Charakter eines einseitig geneigten Tales trägt; ferner würde sich dann der Lavasee gerade in einem einheitlichen Niveau gehalten haben, die Überlaufschwelle hätte seinen Spiegel einheitlich reguliert. Sollte das jedoch noch nicht erfolgt sein, so würde sich in den Kessel hinein vom Op rückschreitend eine mehr oder minder muldenartige Vertiefung hineinziehen, die ich jedoch nie gesehen habe. Reck deutet zwar durch den Verlauf der 1000 m-Isohypse eine solche am Westende des Op an, erwähnt sie aber im Text nicht, was er bei ihrer Bedeutung wohl kaum unterlassen hätte.

Durch die Senkung des Lavasees lassen sich die höheren Lavaflächen im Nordwesten und Westen der Askja und im Trölladyngjaskard ungezwungen und unter einheitlichem Gesichtspunkt erklären. Sie bezeugen gleich Wasserstandsmarken als Lavastandsmarken einen höheren Stand des Feuersees. Verwunderlich könnte es erscheinen, daß nicht überall am Askjarande derartige Lavastandsmarken zu finden sind. In der Tat lassen sich solche Reste noch mehrfach nachweisen. So befinden sich auf der Nordseite des unteren Op an einigen Stellen kleine Lavaplateaus, die der Nordebene prinzipiell ähneln. Auch sie brechen in etwa 20—40 m Höhe zum Op ab und werden gleichfalls aus dünnen Bänken aufgebaut. Sie verdanken ihre Entstehung sicherlich dem gleichen Vorgang wie die Nordebene. Ferner sind gleich dem Trölladyngjaskard wahrscheinlich auch die Sudurskörd als Überlaufpässe von Lava in Funktion getreten. Ich bemerke ausdrücklich, daß ich hier 1910 nicht an dem entscheidenden Punkt war, 1907 aber auf diese ganzen

Zusammenhänge ebenso wie Reck 1908 noch nicht aufmerksam werden konnte, da ich die Dyngjufjöll nicht aus einer übersichtlichen Entfernung von Westen her gesehen hatte. Bei meiner Wanderung vom Dyngjufjalladalur zur Trölladyngja bot sich mir beim Anblick der Südseite des Gebirgsstockes die große Überraschung dar, daß gleich einem Schuttkegel sich ein riesiger Lavakegel vor ihm ausdehnt. Er setzt an die Öffnung der Pässe an und breitet sich bei geringem Gefälle nach beiden Seiten aus, um allmählich in die Ebene des Ódádahraun überzugehen. Ich bin 1907 am Fuß der Südseite der beiden Pässe gewesen, habe dort aber keinen

1907. H. Sp.

Fig. 28. Kleiner hufeisenförmiger Krater am Fuß der südlichen Wattsfell.

Überblick über diesen Lavastromkegel gewonnen und vor allen Dingen auch keine Krater wahrgenommen, denen eine so gewaltige Lavamasse hätte entquellen können. Wohl habe ich dagegen im Süden der Wattsfell kleine hufeisenförmige Vulkane beobachtet und gesehen, wie sich ihre Lava nach Süden gewandt hat, aber sie waren recht klein und kommen als Ausbruchspunkte für eine so große Lavamasse nicht in Betracht (Fig. 28).

Das Magma, das hier nach Süden geflossen ist, muß noch recht gasreich gewesen sein, denn es war dicht besetzt von Hornitos und schildförmigen Emportreibungen wie von Höhlen und Einbrüchen. Die übrigen Lavastandsmarken in der Askja machen es sehr wahrscheinlich, daß auch hier eine Überlaufsstelle für den Feuersee vorlag. Meiner Erinnerung nach ist die Höhe die gleiche wie im Nordosten und Westen der Askja.

Weitere Lavastandsmarken sind bislang nicht bekannt, doch werden wohl noch weitere aufgefunden werden. THORODDSEN sagt, daß „im südlichen Winkel“ der Askja sich noch „eine kleine Öffnung“ findet, durch die sich Lava ins Ódádahraun ergossen hat. Was hiermit gemeint ist, ist nicht zu ersehen. Sicherlich werden dagegen die Lavastandsmarken im ganzen Südosten der Askja, an den Ufern des Knebelsees, fehlen, da hier, wie noch dargelegt wird, erst in ganz junger Zeit große Veränderungen an den Gehängen der Dyngjufjöll vonstatten gegangen sind.

Wir haben somit eine andere Askjaphase kennen gelernt, die eines Feuersees in ihr, dessen Spiegel mutmaßlich mehrfachen Schwankungen unterworfen war, von denen die letzte derart zu erkennen ist, daß sich der Seespiegel um 40—50 m senkte.

Die soeben geschilderte Askjaphase steht in scharfem Kontrast zu dem zuerst vorgeführten Askjastadium, in dem vornehmlich Lockerprodukte ausgestoßen wurden. Unwillkürlich drängt sich die Frage nach Beziehungen zwischen den beiden Phasen auf. Entsprach die Form des ersten Kraters im großen und ganzen der Askja? Die starke Verbreitung seiner Ablagerungen im Westen der Dyngjufjöll legt die Mutmaßung nahe, daß er mehr in dieser Richtung gelegen hat und daß vielleicht gerade deshalb in den übrigen Teilen der Dyngjufjöll nicht so klare und ausgedehnte Spuren seiner Tätigkeit wahrzunehmen sind. Wie die Eruptionsfolge von einer mehr katastrophalen in eine den Schildvulkanen verwandte überging, ist noch gänzlich ungeklärt. Ebenso steht es mit dem damit verknüpften Problem, ob die Erweiterung des ersten Kraters durch allmähliches Einstürzen der Seitengehänge erfolgte oder sich als ein ziemlich plötzlicher Vorgang abwickelte, mit anderen Worten, ob der Askjarand ein tektonischer Bruch ist oder nur durch Sackung in Erscheinung gerufen wurde. Erst eine Fortsetzung der Untersuchungen kann die Lösung bringen. Vorläufig kann nur das Problem gestellt werden; es schon zu beantworten, wäre verfrüht.

Über den Austrittspunkt des Magmas habe ich 1907 die Ansicht dargelegt, daß es von Eruptionen am Askjarande herrühre, denn an seinem Nord-, Süd- und Ostrande hatte ich viele kleinere, gegenwärtig funktionslose Vulkane gesehen, die morphologisch in geringem Grade hervorstechen, da ihre Höhe niedrig ist und ihr Umfang gering. Eine Ausnahme in der Verbreitung macht der Rand des Knebelsees, soweit er unmittelbar an die Dyngjufjöll stößt, was aber nicht Wunder nimmt, da er, wie noch gezeigt wird, in ganz junger Zeit starken Veränderungen unterworfen war.

Reck ist 1908 zu dem gleichen Resultat gelangt. Seit 1910 vermag ich jedoch meine Auffassung durch Erweiterung der Beobachtungen dahin zu präzisieren, daß hauptsächlich die westliche Randzone der Askja als Magmaquelle funktioniert hat. Fast der ganzen Strecke vom Trölladyngjaskard bis Jónsskard sitzen kleine Krater, die meistens jedoch nur Schlackenpackungen aufgebaut haben, und namentlich größere Spaltenergüsse auf, die ihr Material in die Askja laufen ließen. Die letzteren sind nur wenig über dem Askjaboden gelegen mit einer einzigen Ausnahme. Diese befindet sich nördlich vom Trölladyngjaskard. Schon im Gelände ist ein markanter spaltenartiger Einschnitt zu sehen. Aus ihm ist eine große Lavamasse hervorgeflossen, die gleichfalls in den Kessel strömte. Die übrigen Randvulkane, die ich 1907 kannte, erreichen nicht die Bedeutung dieser Ergüsse, wenn auch einige unter ihnen, wie am Fuß von Jónsskard und am Westende des Op wie an den nördlichen Wattsfell keinen geringen Anteil an der Lavaauffüllung der Askja tragen. Da alle diese Krater ihre Lava in die Askja ergossen haben und ihre Lavamassen am Askjaboden mit zu dem dortigen einheitlichen Lavasee verschmolzen sind, so geht hervor, daß diese Eruptionspunkte erst aktiv waren, als die Askja mindestens ebenso tief als heute lag und als ihre Oberfläche von einem noch plastischen Lavasee eingenommen wurde.

c) Der Rudloffkrater.

1. Die Eruptionsvorgänge.

Es ist recht schwierig, über die Eruptionsvorgänge in der Askja im Jahre 1875 eine genaue Darstellung zu liefern, da das fragliche Gebiet damals nur kurz im Februar von einer Expedition aufgesucht wurde. Alle anderen Beobachtungen über die Eruptionen sind in größerer Entfernung von den Dyngjufjöll angestellt, in Myvatnssveit und östlich der Jökulsá. Die Wahrnehmungen, die sich den Bewohnern dieser Gegenden aufdrängten, sind glücklicherweise nicht verloren gegangen, sondern in isländischen Zeitungen niedergelegt. Dieses Quellenmaterial ist ebenso wertvoll wie zuverlässig, denn es ist von umsichtigen und ihre Heimat scharf beobachtenden Männern meistens in Form von brieflichen Berichten unter voller Nennung des Autornamens niedergelegt, Berichte, die ebensogut in einer isländischen Zeitschrift hätten erscheinen können und auch wohl erschienen wären, wenn die isländischen Zeitungen der damaligen Zeit, die oft nur jede Woche erschienen, nicht solchen bis zu einem gewissen Grade entsprochen hätten. Die meisten Berichte stehen in der Zeitung Nordanfari.

Kurze einzelne Angaben haben vor mir schon THORODDSEN und ERKES verwertet. Einen Bericht, den ERKES unter seinen Quellenschriften auszugsweise in deutscher Übersetzung wiedergibt und der in den Frjettir frá Islandi erschienen war,[1] habe ich deshalb nicht benutzt, weil er zweifellos kein Originalbericht ist, sondern eine Kombination verschiedener Quellen, wahrscheinlich auch mündlicher, die nicht einwandfrei sind, wie die Beschreibung eines Januarausbruches in den Dyngjufjöll bezeugt, die ganz offenkundig durch die Beobachtungen von WATTS beeinflußt ist, wie auch schon ERKES mutmaßte.

Die Auswertung der Quellenschriften führt zu folgendem Bild über den Gang der Eruptionen.

Eine Woche vor Weihnachten 1874 nahm man im Ost- und Nordland der Insel Erderschütterungen wahr.[2] Genauere Nachrichten sind JÓN SIGURDSSON in Gautland wie SIGURDUR GUNNARSSON in Hallormstad zu danken. In Gautland waren die Erschütterungen häufig, aber nicht sehr stark; nur bei den heftigsten Stößen krachten die Häuser und fiel alles um, was lose lag oder stand. Am stärksten waren die Stöße am 2. Januar, an dem es unaufhörlich tobte. Wenige Tage zuvor hatte man gen Süden eine Rauchwolke gesehen, und am 3. Januar kurz vor Tagesanbruch erblickte man in Südostrichtung einen intensiven Feuerschein, der einen breiten Raum am Horizont einnahm und hoch am Himmel stieg. Seitdem ließen die Erderschütterungen nach. Um die gleiche Zeit wurde in Hallormstad in Múlasysl eine große Rauchwolke westlich von Herdubreid gesehen; sie schien dem Dyngjufjalladalur, das der Askja gleichgesetzt wird, zu entsteigen.

Die Angaben der Richtungen von Gautland und Hallormstad lassen gar keinen Zweifel darüber, daß es sich nicht um eine Eruption im Vatnajökull handelt, sondern im Gebiet der Dyngjufjöll. Die Rauchentwicklung war in den nächsten Tagen so stark, daß man sie nach einem bei LOCK wiedergegebenen Briefe eines Reykja-

---

[1] VALDIMAR BRIEM, Frjettir frá Islandi, 1875, Abschnitt Eldgosin, Reykjavik 1876.

[2] Bericht aus Reykjavik, publiziert im Neuen Jahrbuch für Min., Pal. u. Geol. Stuttgart 1875, S. 508.

vikers in der Hauptstadt vom 9.—12. Januar sah. Noch in der zweiten Februarhälfte wurde sie bei klarem Wetter stets von Myvatnsveit aus wahrgenommen. Bisweilen spürte man auch noch kleine Erschütterungen, aber keine großen Stöße mehr.

Am 29. März ereignete sich von neuem eine Eruption in den Dyngjufjöll. Einen Einblick in ihren Verlauf gibt ein Bericht des Augenzeugen Propst Sigurdur Gunnarsson.[1] Er befand sich an dem betreffenden Tage im Skriddalur, östlich vom Südende des Lágarfljot.

Bereits in der Frühe des 29. März wurde in westlicher Richtung heftiges Gedonner vernommen. Der Wind wehte Südwest bis West. Im Norden und Nordosten war der Himmel dick und pechschwarz. Um 9 Uhr fing es an, aus der Luft weißgrauen Bimssteingrand zu regnen. Um Mittag war es so dunkel wie in einem fensterlosen Hause. Man mußte in den Wohnungen Licht brennen, bei dessen Schein Fenster wie Spiegel wirkten. Vier Stunden dauerte diese gänzliche Dunkelheit. Fortwährend fiel Bimssteinasche aus der Luft, glutheiß oder lauwarm, teilweise so groß wie Kaffeebohnen; unaufhörlich blitzte es, und starke Donnerschläge ließen alles erzittern. Die Luft war so stark mit Elektrizität geladen, daß auf allen Spitzen und Hervorragungen kleine Flämmchen saßen. Dem Fallen der Asche folgte ein strenger Schwefelgeruch, der aber wieder verschwand.

Der vorstehende Auszug aus dem Bericht wird wesentlich durch Mitteilungen ergänzt, die der Bauer Gunnlaugur Snaedal von Eiriksstadir an Thoroddsen gelangen ließ und die der letztere in seiner Schrift Ódádahraun niedergelegt hat. Am 27. und 28. März bis Mittag wehte heftig ein warmer Südwest. Der Schnee, der das ganze Land bedeckt hatte, taute fort, da die Temperatur bis 12° C. stieg. Am Mittag des 28. wurde es still. Abends 9 Uhr sah man, wie sich eine große, pechschwarze Rauchwolke über den Dyngjufjöll erhob. Nachts $3^1/_2$ Uhr fiel im oberen Jökultal unter Blitz und Donner die erste Asche. Sie war weißgrau, sehr fein und plastisch, so daß man sie wie Lehm leicht mit den Fingern ballen konnte. Um $5^1/_2$ Uhr klärte es schon auf und begann zu tagen. Der Aschenfall setzte aus, jedoch standen im Norden noch heftige Gewitter.

8 Uhr morgens war von neuem eine pechschwarze Rauchwolke über den Dyngjufjöll zu sehen, die in kurzer Zeit alles dermaßen

[1] S. Gunnarsson, Vikuröskufall í Múlasýslum. Nordanfari 1875, p. 58 bis 59. Akureyri 1875. Ferner: Um vikurösku i Múlasýslum. Nordlingur, Jahrg. 1875 S. 43 und Fréttir úr öskusveitunum i Múlasýslum. Nordanfari 1875 S. 81, 1876 S. 67 und 1877 S. 27.

verdunkelte, daß man nicht einmal ein weißes Stück Papier in den Händen sehen konnte. Die Bimssteinstücke, die jetzt fielen, waren größer als zuvor, nahmen sichtlich an Inhalt zu und erreichten den Umfang einer Hand. So kamen die größten Projektile zu oberst zu liegen.

Eine weitere Ergänzung bringt Thoroddsen an einer anderen Stelle (Vulkaner i det nordöstlige Island). Während des Aschenfalles war die Luft ungewöhnlich rauh, so daß die Leute vor Frost bebten. Gleichzeitig herrschte ein unerträglicher Schwefelgestank, der sich noch lange nach dem Ausbruch hielt. Obwohl der Aschenfall in den Siedlungen nicht allzu lange währte, war der Ausbruch in der Askja noch nicht vorüber, sondern hörte erst am nächsten Morgen, den 30. März auf. In der Asche fanden sich eine Menge weißer und schwarzer Stückchen zusammen mit etwas dunklem Sande, der viel schwerer als der Bimsstein war, so daß er zurückblieb, wenn der Niederschlag vom Wasser fortgespült wurde. Bei Grímstadir an der Jökulsá fiel u. a. eine Menge verfilzter, dunkelbrauner Glasfäden, die auf dem Wasser schwammen und grobem Pferdehaar glichen. Ihre Länge betrug bis zu einer Elle.

Nach den Berichten lassen sich deutlich zwei Eruptionsphasen unterscheiden, eine erste am Abend des 28. März, die den feinen weißen Bimsstein förderte, und eine zweite von der Frühe des 29. bis zum Morgen des 30., die dunkleres und gröberes Material ausspie.

Auch diese Eruption wurde auf der ganzen Insel wahrgenommen.[1] In Reykjavik sah man den Rauch und in den benachbarten Arnessysla und Rángarvallasysla wurde ein Donner und Krachen gehört, wie es Erderschütterungen zu begleiten pflegt. Eine genauere und recht gute Darstellung über die Verbreitung des Aschenfalles außerhalb der Dyngjufjöll hat Johnstrup geliefert (Geografisk Tidsskrift, Bd. I). Ungefähr orientiert eine Karte von Burton,[2] jedoch ist der Ausbruchspunkt ganz falsch eingetragen, nämlich beim Burfell. Zahlreiche zuverlässige Einzelangaben finden sich bei Sigurdur Gunnarsson an der angeführten Stelle. Die Nordgrenze zieht er über das Mödrudalur nach Fossvöll, Unaós und Hjaltastadathinghá, die Südgrenze über Langarvalladalur (etwa vier Meilen südwestlich von Brú), Adalbol im Hrafnkelstal, Kleif im Fljotstal und Skridtal nach Faskrufjord. Recht lehrreich sind auch seine Notizen über die

[1] Brief aus Reykjavik vom 8. Mai, abgedruckt in Morgenbladet von Christiania. Neues Jahrbuch für Min. usw. Jahrg. 1875. Stuttgart.

[2] Captain Burton, The volcanic eruptions of Iceland in 1874 und 1875. Proc. Roy. Soc. of Edinburgh, Session 1875.

Mächtigkeit der Aschendecke. In Thingmuli war sie auf Höhen $1^1/_2$ Zoll dick, in Hallormstadir und östlich des Lagarfljot 2 Zoll, im oberen Jökuldalur 4—8 Zoll. Eingebettet waren Stücke doppelt so groß wie eine geballte Hand. Am Meere erreichte die Beschüttung nur einen Zoll. Drei Tage lag die Asche bei stillem Wetter ruhig. Als aber am vierten ein scharfer Südwest einsetzte, wurde sie von den Hügeln gefegt, zu Haufen geballt oder in einer Kruste wieder abgesetzt. Dann kamen Winde aus Nordwest. Sigurdur schätzt die Größe des aschenbedeckten Landes zu 100 Quadratmeilen und berechnet als Minimum 3840 Mill. Tonnen geförderten Bimssteines. Johnstrup schätzt 9300 Mill. Kubikfuß bei $1^1/_2$ Zoll Dicke.

Weitere Details sind Mohn zu danken.[1] Der nördlichste Punkt an der Ostküste, an dem Asche fiel, war Njardvik. In Seydisfjord fiel sie zwischen 7 Uhr morgens und mittags, weiter südlich im Reydarfjord von 9 Uhr morgens bis 3 Uhr nachmittags, und im Berufjord, dem südlichsten Punkt an der Ostküste, von Mittag bis Abend. Sehr feinsinnig hat Mohn hieraus geschlossen, daß der Bimsstein übers Land mit Westsüdwestwind getragen wurde, daß aber an der Ostküste unmittelbar über dem Meer ein ziemlich starker Nordost wehte, dagegen in den höheren Luftschichten noch der Westwind herrschte, der die Asche über den Atlantischen Ozean nach Europa trug.

Über den Niederfall in Europa sind neben v. Rath[2] und A. E. Nordenskjöld[3] gleichfalls durch Mohn zahlreiche sichere Daten erhalten geblieben, aus denen sich folgendes Bild ergibt. Die erste Wahrnehmung der Asche auf norwegischem Boden wurde am 29. abends 8 Uhr bei Ona Fyr gemacht. Zwischen 7 Uhr morgens und 8 Uhr abends gibt nach Mohn bei einer Entfernung von 135 geographischen Meilen und einem Zeitunterschied von 11,40 Stunden eine Bewegungsgeschwindigkeit von 23,8 m pro Sekunde, eine Berechnung, die vielleicht zu hoch ist, weil sich die Asche bei Seydisfjord bereits über dem Meer befand. In Trontheim wurde der Aschenfall abends $11^1/_2$ Uhr bemerkt, auf Orkedalsör 11 Uhr abends, in Nordmøre und Romsdal um Mitternacht, bei Vebbungnes 1—2 Uhr in der Frühe, in Søndumøre 2—3 Uhr usw.; in Schweden in Sollefteå um Mitternacht, in Falun und Söderhamn

[1] H. Mohn, Askeregnen den 29de—30te Marts 1875. Forhandl. i Vidensk. Selskabet i Christiania, Aar 1877. Christiania 1878.

[2] v. Rath, Neues Jahrbuch für Min. usw. Stuttgart 1875.

[3] A. E. Nordenskjöld, Distant Transport of volcanic Dust. Geolog. Magazine, Bd. III. London 1876.

8 Uhr morgens, in Stockholm 11 Uhr morgens. Die Zeitangaben zeigen deutlich ein Fortschreiten von Nordwest nach Südost. Die Isochronen hat MOHN auf einer Karte unter Berücksichtigung lokaler Einflüsse eingetragen, gleichfalls wird die damalige Wetterlage erläutert.

Es ist selbstverständlich, daß bei dem weiten Fluge über das Meer ein großer Teil des Bimssteins ins Wasser fiel, besonders dicht natürlich an der isländischen Küste, weil hier außer dem Winde die Flüsse, namentlich die beiden Jökulsá und die Gewässer, die zum Vopnafjord führen, die Projektile aus dem Lande beförderten. So berichtet BURTON vom 8. Juli und 9. August 1875, wie die See mit Bimssteinstreifen besetzt war, deren einzelne Stücke kaum bohnengroß waren. Noch vom Sommer 1876 teilt JOHNSTRUP mit, daß er in einer Entfernung von mehreren Meilen von der Nordküste schwimmende Bimssteinstücke auf dem Meere sah.

Der Bimsstein wurde von den nach Nordwesten gehenden Meeresströmungen nach der Arktis und nach Europa geführt, und in der Tat sind hier von ihm zahlreiche Funde gemacht worden. Ob alle von ihnen auf Island zurückgehen und speziell auf den Ausbruch von 1875, ist zweifelhaft, doch hat BÄCKSTRÖM für Stücke auf den Lofoten auf mineralogischem Wege eine hohe Wahrscheinlichkeit nachgewiesen.[1]

2. Die Eruptionspunkte.

Mit Hilfe der Verbreitung des Bimssteines ist ein Kriterium gegeben, das eine genaue Festlegung des Ausbruchspunktes von 1875 ermöglicht. Die Ausbreitung läßt sich in der Askja und in den Dyngjufjöll recht genau verfolgen und ist schon auf CAROCS Karte vermerkt, jedoch zeigt die halbkreisförmige Eintragung, daß mehr theoretische Konsequenzen als tatsächliche Angaben in der Linienführung maßgebend waren. Weit besser ist RECKS Mitteilung über den ungefähren Winkel, zwischen dessen Schenkel die Hauptmasse des Bimssteines fiel, aber auch sie gibt ein noch konstruktiv beeinflußtes Bild. Die Grenze der Beschüttung läuft nämlich in der Kraternähe recht unregelmäßig, was auch durchaus verständlich ist, wenn man sich vergegenwärtigt, daß die Projektile in der Kraterumgebung nicht nur unter dem Einfluß des Windes standen, sondern auch unter der Kraft, mit der sie herausgeschleudert wurden, wie unter der eigenen Schwere. Nord- und Südgrenze laufen vom Gebiet des Knebelsees

[1] H. BÄCKSTRÖM, Über angeschwemmte Bimssteine und Schlacken der nordeuropäischen Küsten. Bih. till k. Svenska Vtetensk. Akad. Handlingar, Bd. 16, Afd. II, Nr. 5. Stockholm 1890.

aus. Die erste läuft südlich vom Südwestende des Op hinüber zum Nordostende so, daß dieses Tal nur an seinem unteren Ende beschüttet ist. Die Südgrenze fällt vom Südfuß von Thoroddsenstindur an etwa mit der Südgrenze der Dyngjufjöll zusammen. Die Landschaft gewährt ein häßliches Bild. „Sie sieht wie eine von groben Händen überschmierte und verwischte Malerei aus."

Die angegebenen Grenzen umschließen die dichtere Bimssteinbestreuung. Außerhalb von ihnen findet man in der Nähe vielfach vereinzelte Blöcke. In den gesamten Dyngjufjöll begegnet man isolierten, meistens kleinen, seidenglänzenden Stücken, z. B. auch oben auf den Nordwestbergen. Doch ist wohl zu beachten, daß manche Stücke nicht mehr auf primärer Lagerstätte liegen, sondern durch Wind und Wasser weiter transportiert sind, wie gut im Dyngjufjalladalur zu beobachten war.

Neben der Begrenzung der Bimssteinfläche weist auch die Mächtigkeit energisch auf eine Eruption im Westen des Knebelsees hin. Zwar sind einzelne Mächtigkeitsmessungen zur Entscheidung belanglos, da das Material sich in Vertiefungen höher aufgehäuft hat als auf den Vollformen und da nachträgliche Umlagerungen des leichten Gesteins gerade in dem gebirgigen Gelände vielfach erfolgten, doch ist der allgemeine Eindruck der, daß der Ausbruchspunkt im Osten des Knebelsees zu suchen ist. An Kratern, die dort vorhanden sind, im Südosten und Nordosten, scheiden die im Südosten aus, da in ihrer Nähe nur eine geringe Bimssteinbeschüttung wahrzunehmen ist, wohl aber liegt es sehr nahe, den Krater im Nordosten, den Rudloffkrater, für die Eruptionsstelle zu halten, wie es in der Tat auch fast einstimmig, auch vom Autor vorstehender Zeilen, geschehen ist. Soviel dürfte sicher sein, daß er vom 28.—30. März 1875 Bimsstein in enormen Massen zutage gefördert hat. Doch es drängt sich die Frage auf, ob er allein für die Eruption verantwortlich zu machen ist. Eine definitive Entscheidung hierüber läßt sich durch eine Untersuchung an Ort und Stelle wohl kaum noch fällen, da der größte Teil des Geländes, der zu begehen wäre, heutzutage unter Wasser begraben ist und ferner das Ostufer des Knebelsees durch Bergstürze und namentlich infolge Nachsinkens umfangreicher Erdschollen nachträglich durchgreifend gestört ist. Es ist jedoch nicht von der Hand zu weisen, daß vielleicht aus einer Spalte, die südsüdöstlich vom Rudloffkrater verlief und die sowohl auf Carocs wie Locks Karte eingetragen ist, auch Bimsstein ausgeworfen wurde, und daß der Rudloffkrater nur ein einzelner Eruptionspunkt dieser Spalte ist, wie schon Lock hervorkehrte und wie sich ähnlich auch Thoroddsen geäußert hat.

Da der Rudloffkrater und vielleicht die Spalte südsüdöstlich von ihm während der Bimssteineruption tätig waren, so bleiben für die Ausbrüche Anfang Januar nur die Krater im Südosten des Knebelsees übrig, die gegenwärtig von Wasser bedeckt sind. Schon JOHNSTRUP hat sie in diesem Sinne aufgefaßt. Da er unter ihren Eruptionsprodukten ein Grußkonglomerat fand, dessen Bindemittel Eis war, so schloß er auf ältere Krater, die mit Firn und Schutt erfüllt waren und ausgesprengt wurden. Spezielles über diese Krater wird bei der Würdigung des Knebelsees mitgeteilt werden.

3. Die Eruptionsprodukte.

Das Material, das bei der Eruption 1875 zutage gefördert wurde, bestand neben zahlreichen Bruchstücken von den aus-

1907. H. Sp.

Fig. 29. Bimssteinbeschüttung östlich des Knebelsees.

gesprengten Basaltbänken am Askjaboden aus Bimsstein, Obsidian und Brotkrustenbomben.

An Masse steht der Bimsstein bei weitem voraus, was auf eine sehr große Dampfentwicklung während der Eruption schließen läßt. Leicht lassen sich zwei Varietäten von ihm unterscheiden, wie schon LOCK erkannte, eine graue festere und eine außerordentlich poröse, schaumige von bronceleuchtenden oder silberstrahlenden Farbentönen. In den Stücken der letzten Art sind die Dampfporen oft erstaunlich groß, häufig ist überhaupt keine bombenartige Form gewahrt, sondern die Projektile sind in Gestalt von Haaren und Nadeln mit seidenartigem Glanze erstarrt. Eine dritte, weniger verbreitete Art des Bimssteines ist schwarz, man möchte sagen, kohlig verbrannt. Ein großer derartiger Block, auf dem Knebelsee schwimmend, täuschte mir eine Leiche der beiden Verunglückten vor. Stundenlang hat er mich genarrt.

Vielfach sind Blöcke von 40 ccm Inhalt anzutreffen. Ich habe nicht eine besonders auffallende Abnahme der Größe auf dem verhältnismäßig kleinen Ausbreitungsraum bis zur Jökulsá wahrgenommen,

1907. Fig. 30. Feiner Tuff unter einer Decke von Bimsstein am Ostufer des Knebelsees. H. Sp.

vielmehr südöstlich von Herdubreid noch recht stattliche Exemplare angetroffen. Vielfach sind die Projektile der großen Angriffsfläche halber, die sie bei ihrer Porosität der Verwitterung bieten, mürbe geworden und verwittert, oder zerfallen bei der Berührung, zum Teil sind sie vom Wasser umgelagert und in einen feinen Gruß abgerollt, was man bei der heutigen Festlegung einer Größenabnahme natürlich auch zu berücksichtigen hat. In der Nähe des Eruptionspunktes, namentlich auf dem Kraterwall, ist der Bimsstein unter dem Einfluß der Exhalationen fast gänzlich zersetzt und in einen Schlamm übergegangen, der in trocknem Zustande grau, in feuchtem meistens von grünblauer oder gelblicher Farbe ist.

Die vertikale Bimssteinverteilung läßt deutlich zwei Phasen im Gang der Eruption unterscheiden, derart, wie es schon die Berichte über den Ausbruch darlegten und wie schon THORODDSEN beobachtet hat, zuerst einen feinen hellen Bimssteintuff, später eine gröbere Bimssteinbreccie. Das Normalprofil zeigt immer wieder: unten feinkörnigen sandartigen hellen, darüber grobkörnigen dunkleren Bimsstein. Auch RECK hat hierauf nachdrücklich aufmerksam gemacht.

1907. H. Sp.

Fig. 31. Obsidianbombe von etwa 1 m Höhe auf Bimsstein im Südosten des Rudloffkraters.

Vielleicht gehört hierher auch die Angabe von WATTS, daß im Nordwesten des Sees über dem begrabenen Firn eine Lehmschicht lag, die ausgeworfen war. THORODDSEN beobachtete auf den Tögl kleine Stücke eines bläulich-weißen vulkanischen Glases, welches wie Porzellan aussah und zuweilen in kleineren Brocken in den Bimssteinstücken festgekittet saß.

Mit dem Bimsstein wurde Obsidian von dem Rudloffkrater und jedenfalls auch von der schon erwähnten Spalte in südlicher Richtung, wie LOCK und THORODDSEN erwähnen, ausgespieen, während JOHNSTRUP jenen Obsidian meint, der in den Dyngjufjöll angeschnitten ist und den ich schon beschrieben habe. In der Nähe des Kraters und der Spalte ist der Obsidian von 1875, wenn auch nicht sehr häufig, so doch überall festzustellen, und zwar teilweise in Blöcken von 1 cbm Größe (Fig. 31).

Schon Lock weist auf die Gleichzeitigkeit der Entstehung mit dem Bimsstein hin, und ich kann ihm darin nur beipflichten. Die Obsidianbomben, deren Oberfläche oft in Sprüngen aufgerissen ist, beschränken sich lediglich auf das mit Bimsstein beschüttete Gelände und verteilen sich regellos in ihm. Mehrfach lagern sie sogar auf einer 5 m mächtigen Bimssteindecke, so daß ihnen keinesfalls ein höheres Alter als dem Bimsstein zukommt, zuzuschreiben ist. Gleichfalls finden sich nur in minimaler Zahl die sogenannten „Brotkrustenbomben", die denen ähneln, die z. B. bei der Eruption des Mont Pelé wie auf den liparischen Inseln ausgeworfen wurden. Im Innern bimssteinartiger Natur, sind sie äußerlich von einer mehr oder minder dicken glasigen, obsidianartigen Kruste überzogen, die in Sprüngen aufgerissen ist. Ihre Größe schwankt zwischen kleinen, kaum faustgroßen Stücken bis zu Blöcken von $^1/_2$ cbm Inhalt.

Die Decke der Eruptionsprodukte, in die sich schon Wasserrisse bis zu 3 m Tiefe eingeschnitten haben, hat unter sich jene Schneelage begraben, die zur Ausbruchszeit des Rudloffkraters die Dyngjufjöll bedeckte, wie bereits Johnstrup und Thoroddsen bemerkten. Sie erhält sich deshalb so gut, weil, wie schon Johnstrup hervorhob, der Bimsstein ein schlechter Wärmeleiter ist. Durch den Druck des auf ihr lastenden Materials verfestigte sie sich im Laufe der Jahre und ist gänzlich verfirnt, so daß ich den Horizont kurz als „begrabenen Firn" bezeichnen werde. Teilweise hat er sogar schon einen Stich ins Bläuliche angenommen, während er im allgemeinen noch weiß ist. Zwischen Laven habe ich nirgends den begrabenen Firn gesehen, wie Thoroddsen mehrfach mitteilt.

An zahlreichen Punkten, besonders an Wänden und in Spalten in der weiteren Umgebung des Knebelsees, bietet sich der Firnhorizont der Beobachtung dar. Sowohl der Firn selbst wie sein Hangendes schwanken bisweilen bedeutend in der Mächtigkeit. Meistens ist sie in den Hohlformen beträchtlicher als auf den Vollformen, was leicht verständlich ist, wenn man sich vergegenwärtigt, wie der Schnee sich gern in windstillen Mulden und Löchern sammelt, anderseits ein Teil der ausgespieenen Bimssteinstücke gleich bei der Eruption an den Böschungen hinabrollte oder nachträglich in die Tiefen wanderte. So fand ich 1910 eine besonders dicke Bimssteinlage von etwa 4—8 m am Südostfuß der Dyngjufjöll. Der unter ihr liegende Schnee war von jenem Fluß unterhöhlt, der temporär von den östlichen Dyngjufjöll zum Dyngjuvatn entwässert. Er bewegte sich auf weite Strecken hin in einem Tunnel, an dessen Decke prächtige kleine Eiszapfen saßen, wie an Einbrüchen der Tunneldecke zu sehen war. Eine große Dicke des begrabenen Firns sah ich auch an einem Profil am Ostufer des Knebelsees, wo unter einer 8 m hohen Lage von Bimsstein, Tuff und Bomben 6 m Firn erschien. Wenn THORODDSEN mehrfach von einer 40—60 m hohen Bimssteindecke spricht, so beruht das wohl auf einem Versehen. Die Angabe von JOHNSTRUP von einer Mächtigkeit bis zu fast 8 m (25 Fuß) erscheint dagegen zutreffend.

Da der begrabene Firn sich oft bis in die Nähe des Rudloffkraters hinzieht, nach RECK bis auf 500 m, so läßt sich umgekehrt schließen, daß die Eruption ohne beträchtliche Wärmeentwicklung stattfand; denn sonst wäre der Schnee auf größerem Areale verflüssigt worden, so daß, wie auch RECK hervorkehrt, die Wärme im wesentlichen nur vom Rudloffkrater ausging. RECK begründet es noch dadurch genauer, daß er am Ostufer des Knebelsees ein Wachsen der Mächtigkeit des Firnhorizontes bei zunehmender Entfernung vom Rudloffkrater im einzelnen verfolgen konnte.

Seit dem Ausbruch des Rudloffkraters schwand der Firn allmählich etwas. Infolge der Volumverminderung entstanden Hohlräume zwischen ihm und der Bimssteindecke, die gleichfalls im Laufe der verstrichenen Zeit verfestigt war. Daher rührt es, wie ich 1907 wahrnahm, daß der Wanderer im Nordwesten des Knebelsees auf weite Flächen hin in der Tiefe einen dumpfen Widerhall seiner Schritte vernimmt, wie wenn er über hohle Kellergewölbe hinwegginge. Überall dort, wo die Bimssteindecke nicht stark genug war, sich selbst zu tragen, stürzte sie ein. So wurden zahlreiche Erdfälle ins Leben gerufen, die zur Zeit der Schneeschmelze teils wasserleer bleiben oder nachträglich verstürzen, teils aber von kleinen Teichen, in denen Bimssteinstücke schwimmen, erfüllt werden. Die Tümpel erinnern in ihrer Erscheinungsweise außerordentlich lebhaft an die Sölle der norddeutschen Grundmoränenlandschaft. Ich sah sie besonders häufig im Nordwesten des Knebelsees und am Ostende der Askja zwischen Rudloffkrater und Askja Op.

4. Geschichte des Rudloffkraters seit dem Jahre 1875.

Der Rudloffkrater im Nordosten jener Hohlform, die der Knebelsee heutzutage zum größten Teile einnimmt, hat den typischen Werdegang eines explosiven Kraters durchgemacht, wie sich den Mitteilungen der verschiedenen Forscher und Touristen entnehmen läßt. Nach seiner heftigen Märzeruption 1875 bot er im

1907. H. Sp.

Fig. 32. Einsturzlöcher, mit Wasser erfüllt, im Nordwesten des Knebelsees.

1907. H. Sp.

Fig. 33. Einsturzlöcher, mit Wasser erfüllt, im Nordwesten des Knebelsees.

Sommer des gleichen Jahres zur Zeit von Watts Anwesenheit ein trichterförmiges Loch mit einem oberen Umfang von rund 400 m. An seinen Gehängen ereigneten sich bisweilen Nachstürze. In regelloser Reihenfolge wechselten fortwährend kleinere Eruptionen miteinander ab, zwischen denen sich bisweilen heftigere einstellten. Bei den kleinen wurde Wasserdampf und Schlamm ausgespieen, die in der Nähe des Kraters zu Boden fielen; bei den heftigen stieg unter Detonationen pechschwarzer Rauch auf, dem ein Niederschlag eines lehmigen und körnigen, sich fettig anfühlendem Tuffes folgte, so daß die Umgebung mit dunkelbraunem Schlamm bedeckt wurde. Der Rauch, der einen widerlichen und stechenden Schwefelgeruch verbreitete, lagerte sich über den Dyngjufjöll gleich einem Riesenpilz, wahrscheinlich also in der bekannten Pinienform, in deren Mitte des öfteren schwarze Säulen hinaufschossen. Der Krater trug demnach noch einen tätigen explosiven Charakter.

Auch im Februar des nächsten Jahres, 1876, zeigte sich noch eine kräftige Entwicklung von Rauch, der sich bei Windstille in dem Askjakessel lagerte. Allein ein eigentlicher Ausbruch ereignete sich weit seltener oder gar nicht mehr, und in einer Tiefe von 180—200 m befand sich ein Boden von 3—4 m Durchmesser. Er kochte unter heftigem Getöse, soweit bei der starken und ununterbrochenen Dampfentwicklung wahrzunehmen war. Der obere Kraterdurchmesser betrug 160—200 m. Im Sommer desselben Jahres bot sich ungefähr das gleiche Bild, nur die Zahlen werden etwas anders angegeben, der Kraterdurchmesser zu 90—100 m, die Tiefe zu 45—50 m. Zum erstenmal wird ein Kraterwall erwähnt, der sich flach kegelförmig abdacht. Kein Auswurf fester Stoffe wurde mehr beobachtet, mit Ausnahme von Schlamm, der aber subaerisch hineingelaufen war, sondern nur starke Exhalationen von Wasserdampf, der aus einer größeren Zahl von Kanälen hervorstieß. Wie das heftige Gefauche bezeugte, mußten die Ausströmungen unter großem Drucke stehen. Selbst am Fuße von Jónsskard, in etwa 6 km Entfernung, war das Brausen zu vernehmen.

Zwei Jahre später setzten sich die Exhalationen noch fort. In rund 60 m Tiefe fand sich ein flacher Boden vor, der eine zentral gelegene Öffnung umschloß, aus der unter starkem Getöse mächtige Dampfmassen hervorschossen. Auch wurde Wasser am Boden bemerkt. Der Durchmesser des Kraters wird zu 150—160 m angegeben. Der Tuffkranz soll sich 60 m über dem Askjaboden erhoben haben, doch sind alle Maßangaben von Lock recht unzuverlässig.

Wiederum zwei Jahre später hat sich die Situation jedoch gänzlich verändert. Es ist das eingetreten, was Johnstrup bereits vier Jahre früher prophezeit hatte: „Wenn die Dampfentwicklung einmal schwächer wird, wird sich in dem geschlossenen Krater Wasser sammeln können, das von Wasserdampf gekocht wird.“ In der Tat hatte sich 1880 in 45—50 m Tiefe ein See eingestellt, dessen Wasser jedoch als scheinbar kalt bezeichnet wird. Alles war still, nur etwa 3 m über seinem Spiegel stießen eine Anzahl unbedeutender Dampfstrahlen hervor.

1881 fand MORGAN hingegen wieder eine lebhaftere Tätigkeit vor. Schmutziges Wasser und Dampf wallte aus einer Tiefe von 60—90 m zu größerer Höhe im Kraterschlunde auf; an einer Stelle kochte und sprudelte es besonders lebhaft.

1884 besaß der Krater bei 45 m Tiefe einen oberen Durchmesser von 90 m. Formte er nach außen eine sanft abfallende Fläche von Bimssteinschlamm, so fiel er nach innen sehr schroff ab. Sein Boden hatte sich in einen Schlammpfuhl verwandelt, „in einen bläulich-grünen Tonbrei, der beständig kocht und brodelt; aus einer Öffnung im Kraterboden, dicht an seiner Südseite, bricht eine dicke Dampfsäule unter Sausen und Zischen hervor, und rings umher bahnen sich einzelne kleinere Dampfstrahlen ihren Weg aus Spalten und Löchern in der Kraterwand“ (THORODDSEN).

Bis 1907 liegt keine weitere Überlieferung vor, so daß sich über die Veränderungen während dieser Zeit nichts Bestimmtes aussagen läßt. In diesem Jahre traf ich ein wesentlich anderes Bild an. Der Krater bildet ein elliptisches Loch, dessen Längsachse N 94° O orientiert ist. Der äußere Wall erhebt ich im Mittel etwa 12 m über dem Askjaboden, so wenig, daß man ihn vom Nordrand der Askja nicht sehen würde, verriete nicht die Dampfentwicklung seine Lage. Seine Höhe ist nicht gleichmäßig, sondern auf der Südseite etwa 15 m tiefer als im Norden und im anstoßenden Westen. Die höhere Einfassung erhält sich im allgemeinen im gleichen Niveau, nur im Nordosten liegt eine kleine höhere Stelle. Nach außen dacht sich der Wall ganz sanft zur Askjaebene ab, dagegen recht steil zum Knebelsee; beträgt doch die engste Stelle etwa nur 50 m.

Die erwähnte scharfe Geländelinie war 1907 den ganzen Sommer über mit Schnee gefüllt. Ich vermutete in ihr eine offene Spalte, was sie in der Tat ist, wie RECK 1908 und ich 1910 konstatieren konnten, in zwei Sommern, die im Innern der Insel den Schnee ungewöhnlich stark zusammenschrumpfen ließen.

Das Innere des Kraters besaß fast senkrechte, stellenweise sogar überhängende Wände. Nur die Einmündung der erwähnten Spalte macht eine Ausnahme, indem sich von ihr aus eine Rinne mit hohem

1907. Fig. 34. Rand des Knebelsees und Rudloffkraters. H. Sp.
Im Hintergrunde die Nordberge der Dyngjufjöll.

1907. Fig. 35. Blick in das Innere des Rudloffkraters. H. Sp.

Gefällswinkel in den Schacht hinabzieht und einen kleinen Vorsprung in einen Kratersee, der den Boden erfüllt, hineinbaut; nicht unerwähnt sei gelassen, daß 1907 zwei Isländer auf einer der Suchexpeditionen bis hierin hinabgeklettert sind. Dieser See, dessen Tiefe unter Tage 50 m betrug, besteht aus kochendem Wasser, dessen Farbentöne im allgemeinen grau waren, jedoch oft leicht wechselten, indem sie einen Stich ins Gelbliche, Grünliche oder Bläuliche annahmen. Auf seiner südlichen Hälfte fielen zwei Punkte durch sonderlich heftiges Aufwallen in die Augen, bei denen wohl eine besonders starke unterirdische Zufuhr von kochendem Wasser stattfand. Dicht am östlichen Seerande entsprang ein etwa 30 m hoher Wasserstrahl springbrunnenartig ständig dem Erdboden, eine Quelle, die einen Übergang von den Quellen im gewöhnlichen Sinne zu den Geisirn verkörpert und deren äußere Erscheinung man „Springbrunnenquelle“ nennen kann, wie ich es 1907 getan habe. Reck hält diesen Terminus technicus für einen der unglücklichsten und beanstandet, daß er zwei Begriffe miteinander verbindet, die in keinem engeren Zusammenhang stehen. Aus einem angeführten Beispiele ersehe ich, daß Reck mich mißverstanden hat; er schreibt nämlich: „So wäre jeder auf längere Zeit ohne Unterbrechung springende Geisir (wo gibt es einen solchen?) ebenso wie jede intermittierende Quelle eine Springbrunnenquelle, anderseits würde auch jeder artesische Brunnen sich obiger (meiner) Definition ohne weiteres anpassen.“ Ich habe lediglich die Form des Auftretens, die äußere Erscheinung mit dem Ausdrucke: Springbrunnenquelle charakterisieren wollen. Das Typische ist: Bei einer normalen Quelle quillt Wasser ständig aus dem Boden, bei einem Geisir springt Wasser vorübergehend empor, bei einer Springbrunnenquelle springt Wasser ständig hervor, sie stellt also ein Zwischenglied zu den beiden vorherigen dar. Warum Reck meint, daß jeder artesische Brunnen sich meinem Begriffe unterordnet, verstehe ich nicht, da sie bekanntermaßen sowohl quellen wie springen. Das gleiche trifft für die intermittierenden Quellen zu.

Ferner hauchten, rauchten und fauchten gleichfalls an der Ostwand des Kraters mehrere größere Solfataren, während die übrigen Flächen der Wände nur von kleineren durchsetzt wurden. Sie alle stießen beständig schweflige Gase aus, die sich in dem Zelt von 1907 bei aufstehendem Wind recht unangenehm bemerkbar machten. Nur eine einzige Solfatara, die gleichfalls an der Ostwand hervorbrach, arbeitete nicht perennierend, sondern in scharfen und kurzen Pausen, lebhaft an das Gepuste einer Lokomotive erinnernd. Man könnte dieser Art von Solfataren den Namen „rhythmische Solfataren“ beilegen.

ERKES fand 1908 das gleiche Bild vor. Die Tiefe des Kraters schätzte er auf 40 m, die oberen Durchmesser auf 150 und 90 m. v. GRUMBKOW und RECK überliefern von ihrer gemeinsamen Reise in dem gleichen Jahre verschiedene Zahlen. v. GRUMBKOW spricht von dem 80 m tiefen Rudloffkrater, während REK schreibt: „Meine Messungen ergaben eine Höhendifferenz von etwa 52 m zwischen dem Niveau des Sees und dem höchsten Punkt des Kraterrandes.“ Auf Grund eines Vergleiches mit einer von mir aufgenommenen und bislang nicht publizierten Photographie meint er ein Steigen gegenüber dem Jahre 1907 zu erkennen. Eine Messung der Temperatur des Wassers, auf dem kleine Schwefelschüppchen schwammen, zeigte 61°.

1910 fand H. ERKES ein inzwischen erfolgtes Steigen des Kratersees. Ich selbst konstatierte einige Wochen später dasselbe. Der Spiegel war um einige Meter gestiegen, hatte die ihm nahe gelegene Springbrunnenquelle überdeckt, ebenso jene kleine Bodenfläche, die sich von dem Riß der Ostwand in das Wasser hinein vorschob. Die Rinne im Osten war gänzlich schneefrei; durch sie floß etwas Schmelzwasser aus einem kleinen Schmelzwassersee mit prächtigen kleinen Strandlinien in den Krater hinein.

Fassen wir die verschiedenen Angaben über den Rudloffkrater zusammen, so erhellt, daß er seine trichterförmige Gestalt im großen und ganzen gewahrt hat. Nur über die Tiefe weichen die Zahlen von einander ab, JOHNSTRUP 1875: 45—50 m; LOCK 1878: 60 m; 1880: 45—50 m; MORGAN 1881: 60—90 m; THORODDSEN 1884: 45 m; SPETHMANN 1907: 50 m; ERKES 1908: 40 m; RECK 1908: 52 m; SPETHMANN 1910: 45 m.

Die vorstehenden Zahlen sind nur angenähert gleichwertig, da bei den einzelnen Autoren meistens nicht angegeben ist, von welcher Stelle des Kraterrandes aus die Höhe gemessen oder geschätzt wurde. Überhaupt nicht mit aufgenommen habe ich JÓN THORKELSSONS und v. GRUMBKOWS Daten, da sie mir nicht exakt genug erschienen. Man ersieht, daß der Krater ungefähr eine gleichbleibende Tiefe behalten hat. Wenn RECK zu dem besonders betonten Resultat gelangt, daß das Niveau des Sees von Anfang an stetig und langsam gestiegen ist, wie aus den von Jahr zu Jahr stets niedriger werdenden geschätzten Tiefenzahlen des Kraters hervorgeht, so zeigt die soeben gegebene Zusammenstellung der Messungen, daß diese Begründung nicht den überlieferten Daten entspricht. Hiermit wird auch RECKS Konsequenz hinfällig, daß das Ansteigen des Wassers im Rudloffkrater und im Knebelsee mit verschiedener Geschwindigkeit und selbständig vor sich ging. Bei dieser Gelegenheit möchte ich auch, um ein Mißverständnis zu vermeiden, die Nachricht Recks korrigieren, daß ich seit seiner Anwesenheit 1908 ein Steigen des Wassers beobachtet habe; nur ein solches seit meiner Anwesenheit 1907 habe ich konstatiert.

Die Beschaffenheit des Kraterbodens hat sich jedoch mehrfach geändert. Im Sommer 1875 noch im kleinen explosiv tätig, 1876 bis 1878 ein kochender Boden mit starken Dampfausströmungen, 1880 ein „scheinbar" kalter See, 1881 ein reines Wasser, 1884 ein Schlammpfuhl, 1907—1910 ein kochender See.

Es läßt sich also keine stetige Entwicklung wie etwa ein Abnehmen der Wärmezufuhr oder ein Wachsen des Wassers ableiten. Reck sagt zwar, der Krater ist seit seiner Entstehung in stetig schwächer werdender Tätigkeit, aber die historische Darstellung widerspricht dem. Man kann vorläufig nur sagen, daß der Kraterboden eine unregelmäßig wechselnde Geschichte durchläuft. Der jetzige See hat sich wahrscheinlich erst gegen Ende des abgelaufenen Jahrhunderts eingestellt.

Die Geschichte des Kraters gestattet einen Blick auf die Herkunft seines Wassers, das höher liegt als der Spiegel des Knebelsees. Ein Teil von ihm wird sicherlich aus der Tiefe zugeführt, wie die verschiedenen Thermen und Dampfaushauchungen bezeugen. Ob dieses Wasser juvenil oder vados ist, läßt sich bei dem jetzigen Stand der Kenntnis nicht entscheiden. Wahrscheinlich ist, da es sich um einen Explosionskrater handelt, ein Teil juvenil, doch liegt auch der Gedanke nahe, daß Wasser aus dem benachbarten Knebelsee Zutritt zu den Aufsteigkanälen hat und sohin vadoses Wasser mit emporquillt. Die Zufuhr durch Oberflächenwasser kann nur durch unmittelbaren Niederschlag erfolgen oder durch die kleine Rinne am Osten, deren Einzugsgebiet sich aber auf wenige Hektar beschränkt. Die Nachrichten über die Niederschlagsmengen und über den korrespondierenden Wasserstand im Krater sind zu gering, um jetzt schon zu einem greifbaren Ergebnis in dieser Hinsicht zu kommen. Ob ein Teil des Wassers im Krater auch zum Knebelsee entwässert, ist gleichfalls nicht entscheidend zu sagen. Die Innenauskleidung des Schachtes ist durch intensive Zersetzung seitens ätzender Gase recht zäh und wird, wenn sie nicht gänzlich abgedichtet ist, nur ein sehr langsames Durchfiltern des Wassers gestatten. Aber es wäre auch möglich, daß eine Fuge im Gestein eine teilweise Entleerung zum Knebelsee gestattet. Vielleicht ist in diesem Sinne das wärmere Wasser zu verstehen, das sich unmittelbar südlich vom Rudloffkrater im Knebelsee vorfindet, das am 1. Juli 1907 durch seine Eisfreiheit sofort in die

Augen fiel und das auch Reck konstatiert hat. In ihm einen Hinweis auf einen tiefgehenden Bruch zu sehen, liegt demnach gar keine Notwendigkeit vor.

5. Der Bau des Rudloffkraters.

Die Geschichte des Kraters macht es auch möglich, seinem Bau näher zu treten. Schon eine morphologische Würdigung von ihm weist auf Störungen hin, die er nach seinem Entstehen erlitten hat. Der Tuffwall nämlich, der ihn umkränzt, liegt im Süden und Südosten auffallend tiefer als im Norden und Nordosten. Diese beachtenswerte Tatsache sticht noch schärfer hervor, wenn man bedenkt, daß zur Zeit des Ausbruches westliche Winde wehten. Wird derartig schon der Gedanke auf eine spätere, sekundäre Störung gelenkt, so wird dieser zunächst nur aus der Form gezogene Schluß zur Gewißheit, wenn man das Profil im Kraterschacht studiert. Es zeigt, daß zwischen den beiden verschiedenen Niveaus der Erdoberfläche eine tektonische Linie, eine direkt zu beobachtende Spalte in der Erdrinde gerade dort streicht, wo die Rinne im Nordosten in den Krater hinabführt. Deutlich ist dort eine Unterbrechung des Basaltes zu erkennen, der unter der Nordwand liegt. Er setzt sich nach Süden zu in einem etwas tieferen Niveau fort, so daß eine Verwerfung vorliegt. Die Verwerfung kann erst nach Ablagerung des Tuffes, d. h. nach dem Vulkanausbruch, eingetreten sein, da sonst der Tuff ungestört lagern würde. So kann für die vorliegende Spalte gefolgert werden, daß sie das sekundäre, der Vulkan das primäre Phänomen ist. So schloß ich bereits 1907, und auch Reck kommt zu dem gleichen Ergebnis, daß die Störung in der Höhe des Kraterwalles nachträglich durch Herabsinken des jetzt niedrigeren Teiles entstand. Reck beanstandet aber, daß ich in der soeben angeführten Stelle aus meiner früheren Arbeit über die Askja Spalte mit Verwerfung identifiziert habe und schreibt: „Es mag sein, daß Spethmann eine scharfe Trennung dieser Begriffe für weniger notwendig hielt. Der Geologe hat jedoch prinzipiell zwischen diesen beiden Begriffen in allen Fällen eine scharfe Grenze zu ziehen, und ein Vulkan, der von einer Verwerfung unabhängig ist, muß deshalb noch lange nicht von der Spalte abhängig sein, auf der doch möglicherweise erst später diese Verwerfung stattfinden konnte!“ Der Fall liegt aber gerade umgekehrt! Es handelt sich um einen mit einer Verwerfung zusammenhängenden Vulkan, der folglich auch mit einer Spalte zusammenhängen muß. Im übrigen hätte Reck aus meinen Ausführungen über die isländischen Spaltenerscheinungen unschwer ersehen können, daß mir das gegenseitige

Verhältnis von Spalte und Verwerfung nicht ganz unbekannt ist, indem ich ausdrücklich zwischen Verwerfungs-, Kontraktions- und Aufrißspalten unterschied!

Neben dieser jüngeren Störung meint RECK noch eine ältere in Form „einer gewaltigen Verwerfung" wahrgenommen zu haben, die bereits vor der Eruption des Kraters existierte. Die Begründung wird durch zwei Punkte gegeben.

1. Es soll der westliche Kraterrand höher stehen als der östliche, aber umgekehrt das Kraterwallmaterial im Osten bedeutend mächtiger sein als im Westen. Eine Seite vorher sagt RECK in der gleichen Arbeit, daß der nördliche Kraterrand höher liegt als der südliche, und bestätigt meine Beobachtungen von 1907. Damit ist RECKS Schluß durch seine eigene Angabe widerlegt. Wie die Verhältnisse in Wirklichkeit liegen, möge aus den folgenden Angaben ersehen werden. Der Kraterwall ist von Nordosten über Westen am höchsten, für den übrigen kleineren Teil am niedrigsten. Sein Material ist auf der höchsten Strecke mit Ausnahme der schon erwähnten höchsten Stelle des Kraterrandes gerade am wenigsten mächtig, am dicksten dagegen auf der niedrigsten. Gerade dieser Gegensatz zwischen den verschiedenen Aufschüttungsmächtigkeiten und den demgemäß in den gleichen Richtungen theoretisch zu erwarten gewesenen Höhendifferenzen war für mich ein Hinweis auf eine Störung nach Absatz des Kraterwalles.

2. Es sollen „die östlichen und westlichen Wände" in ihrem Gesteinscharakter gänzlich verschieden sein. Die ganze Ostwand sowie auch große Teile der Süd- und Nordwand sind nach RECK in Tuff eingesprengt, die westliche zeigt die Ausschnitte einiger mächtiger Basaltdecken. Daraus folgt keineswegs unbedingt eine gewaltige Verwerfung von Nord-Süd-Richtung. Die von RECK gemeinten Basaltdecken finden sich im Südwesten, Westen und Nordwesten. Im Norden sind sie in einzelne, regellos in Tuff gebettete Stücke zertrümmert, eine Erscheinung, die sich sehr gut mit der Eruption in Einklang bringen läßt, indem sie eine reine Explosionswirkung verkörpert, wie denn naturgemäß randliche Störungen an einem heftig arbeitenden Schlot zu erwarten sind, die durch die aussprengende Tätigkeit oder durch Nachsitzen verursacht werden.

Auch auf der Oberfläche des Askjabodens ist sonst nichts von einer Süd-Nordverwerfung zu sehen. Im Süden vom Krater sind zwar verschiedene Dislokationen vorhanden, sie sind aber, wie RECK selbst zugibt, an die Hohlform des Knebelsees geknüpft. Im Norden des Kraters vermeint RECK den Nachweis von einer Abhängigkeit des Kraters von einer Nord-Südlinie indirekt zu erbringen. Der Rudloffkrater soll gerade auf der Verlängerung des östlichen Innenrandes der Askja gelegen sein, der hier nach Südosten zurückweicht. Reck bringt diese Ansicht auch deutlich auf seiner Übersichtskarte von 1910 zum Ausdruck, während er 1909 diese für ihn doch so wichtigen Verhältnisse abweichend darstellt, indem der Rudloffkrater westlich der Verlängerung des Innenrandes der Askja gelegen ist. Reck hat seine neue Ansicht auch noch auf einer Spezialkarte zur Ansicht gebracht. Der Maßstab, der nicht angegeben ist, beträgt 1:15000, wenn man den Durchmesser des Rudloffkraters gleich 150 m setzt, ist vielleicht aber noch größer. Hiernach ist die Umbiegungsstelle der östlichen Dyngjufjöll nur das Zweifache des Kraterdurchmessers entfernt. Mit mathematischer Genauigkeit zielt der Westrand der Berge auf den Krater hin. Diese Angaben muß ich verändern. Nur großzügig läßt sich sagen, daß der Rudloffkrater in der Fußzone der Ostberge gelegen ist. Wenn man vom Norden aus dem Op kommt und am Westfuße der östlichen Dyngjufjöll entlang wandert, so wird man nach Passieren eines kleinen, nicht zu übersehenden Seitentales den Krater etwas zur Rechten seines Weges rauchen sehen. Schon von dort ab, etwa auf halbem Wege, weicht der Fuß der Dyngjufjöll etwas nach Osten zurück, nicht aber in einer doppelten Entfernung des Kraterdurchmessers. Auch ist nördlich des Kraters keine gewaltige Verwerfungsspalte zu sehen. Ich muß diese Beobachtung Recks auf das Entschiedenste bestreiten. Niemals habe ich weder vor noch nach Reck dort etwas von einer Spalte gesehen.

Wie ich nach den vorstehenden Darlegungen den Reckschen Ausführungen über den Kraterbau nicht beizupflichten vermag, so auch nicht seinen daraus hergeleiteten Konsequenzen. Die beiden wichtigsten, von ihm besonders betonten lauten: Es ergibt sich mit Notwendigkeit, „daß die Explosion des Rudloffkraters, ebenso wie alle nach der Zerstückelung des ursprünglichen Askjavulkans zur Eruption gekommenen vulkanischen Kräfte auf den durch diese Zerstückelung lokal geschaffenen Schwächelinien, d. h. Verwerfungsspalten die Erdoberfläche erreicht haben. Sonach bieten uns die Dyngjufjöll ein klares Beispiel dafür, wie ein selbständig geschaffenes Vulkanmassiv gerade durch seine Festigkeit und Widerstandskraft gegen tektonische Bewegungen die Ursache zur Ausbildung von lokalen, nur durch dessen [?] Dasein hervorgerufenen Spalten an seinem Rande wird, die dann nach Verfestigung des Vulkankerns sämtlichen späteren Eruptionen zum Ausweg dienten."

d) Der Knebelsee.

1. WATTS Bericht aus dem Jahre 1875.

Von bleibender Bedeutung für die Entstehungsphase der Hohlform ist ihre erste genauere Darstellung seitens WATTS, die in seinem sehr selten gewordenen Buche: „Across the Vatnajökull" niedergelegt ist. ERKES hat zwar schon 1909 eine Übersetzung dieses wichtigen Quellenmaterials geboten, indessen führte mich eine eingehende Nachprüfung an manchen wichtigen Punkten zu Änderungen und zu Ergänzungen ausgelassener Stellen, so daß ich allein schon von diesem Gesichtspunkte heraus an eine Neuübersetzung gegangen wäre, wenn nicht überhaupt dem WATTSschen Bericht eine so hohe Bedeutung zukäme, daß er an dieser Stelle nicht übergangen werden darf. Vorweg sei bemerkt, daß WATTS mit „Krater" oder „Öskjugjá" die Hohlform meint, die gegenwärtig größtenteils der Knebelsee deckt, mit „Schacht" den Rudloffkrater. Sein Aufbruch zur Askja geschah von einem Zeltplatz in der Gegend des heutigen Dyngjuvatn, der seinerzeit aus einigen Wasserpfühlen bestand.

„Ich hatte bemerkt, daß die Vulkane der Öskjugjá sich nordwestlich unserer gegenwärtigen Position befinden, und entschied deshalb, einen nördlichen Kurs an der Ostsüdostseite der Berge (der Dyngjufjöll) zu halten und den ersten Einschnitt zu benutzen, der irgendwo nach Westen führen würde. Als wir nordwärts einige wenige kleine Ströme gekreuzt hatten, die in jene Wasserlachen flossen, an denen unser Zelt aufgeschlagen war, wurde die Route erträglich gut, da sich der Boden aus feinem Bimsstein, Sand und Schlick zusammensetzte, die der fragliche Vulkan augenscheinlich ausgeworfen hatte. . . . Nach drei Stunden hielt der gute Weg jedoch auf, und wir mußten über eine Reihe großer und abscheulicher Bimssteinhaufen wandern. Unser schwieriges Vorwärtskommen setzten wir während der ganzen Nacht fort, aber kein Einschnitt öffnete sich, durch den wir uns unserem gesuchten Ziele hätten zuwenden können. . . . Die Umstände erforderten ein Halt. Die Sonne fing an, sich in einem Segment von trübem, hochroten Licht zu zeigen, das mit Tagesanbruch an Breite wuchs und an Intensität zunahm. Links über uns erhoben sich Felsenspitzen über 1000 Fuß, deren Seiten mit Lavaströmen und losem Bimsstein besetzt waren. Um uns waren entstellte Felsen und kegelförmige Erhebungen, die unsere Gedanken zu einstigen Ausbrüchen der unterirdischen vulkanischen Mächte trugen. Hier war eine Spalte, die sich weit öffnete, soweit sie noch nicht mit Bimsstein aufgefüllt war, dort schnitten weitere tief in die Flanken der umgebenden Berge. Wahrscheinlich waren sie Folgen von Erdbeben, die jungen Eruptionen voraufgegangen waren. Sie traten jedoch nur im Norden des Vulkans, wo wir anstiegen, sehr zahlreich auf, in seinem Süden beobachtete ich nicht eine einzige. Der Wind wehte von Osten, und bis jetzt hatte der Vulkan uns noch nicht mit seinem ekelhaften Gestank belästigt. Als aber die schweren Mitternachtswolken anfingen, sich die Berggehänge hinabzuwälzen, brachte uns ein stechender Schwefelgeruch zum Bewußtsein, daß die furchtbare Macht, die die Wildnis um uns geschaffen hatte, im Herzen der Berge, die ihrem nächtlichen Eindringling zu drohen schienen, noch am Leben war, wenn auch schon ermattet. Der schneeige Turban von Herdubreid glühte indessen im Sonnenlicht, und das strahlende Antlitz des Lichtträgers brach durch die Nebelmassen im Osten, gar prächtig auf das aschenbestreute Land nun die himmlische Gabe der Morgensonne gießend. „Heil Dir, gebenedeite Sonne!“ riefen meine beiden Begleiter, „Heil Dir, gebenedeite Sonne!“ und stumm erwarteten wir alle für einige Minuten das Nahen des Schutzgeistes der isländischen Reisenden. . . . Wir waren bereits zu weit nach Norden gegangen, und da noch kein Einschnitt kam, mußten wir direkt hinaufklettern und auf den dichtesten Dampf und scheußlichsten Gestank lossteuern, kurz, wenn wir nichts mehr sehen konnten, unserer Nase folgen. Als wir uns die Gehänge hinaufplagten, verdichtete sich der Nebel, und dichte Wolken ließen sich um uns hernieder, als wollten sie uns in den Vulkan hinabziehen. Der Geruch wurde ständig ekelhafter und der Bimsstein schlammiger. Was fiel? Regen oder Sand? Keins von beiden! Es war eine Art schmieriger Lehm, der sich in großen Körnern mit widerlichem Geruch niederschlug. Es traf sich hierbei recht glücklich, daß wir ungefähr auf der Südseite des Vulkans waren, da sonst ein Vorwärtskommen einfach ein Unding gewesen wäre. Mein Aneroid zeigte hier 3500 Fuß. Als wir höher und höher stiegen, klärte sich der Nebel ein wenig, bis wir auf der Spitze standen. Unter uns ein Abgrund von Dampf und fürchterlichem Getöse. Plötzlich ließ uns ein furchtbares Krachen erschrocken stehen bleiben. Der halbe Berg schien bis auf die andere Seite dieses schrecklichen Tales gestürzt zu sein, und eine Zeitlang konnten wir nichts vor dichten Dampfwolken erkennen, die vor uns aufkochten, und vor dem Schlammregen, der niederging. Gleichzeitig entstieg ein unheimliches Geschrei und Gestöhne, Gebrause und Gekreisch allen Teilen dieser fürchterlichen Tiefe, deren Boden jetzt gänzlich im Dunkeln lag. Wieder und wieder kam ein Krachen und Heulen von der entgegengesetzten Seite und gelegentlich auch von jener, auf der wir uns befanden. Augenscheinlich stürzten die Seiten des Kraters fortwährend ein, und unermeßlich weite Spalten, sogar dort, wo wir standen, zeigten uns, daß unsere Stellung nicht gerade sicher war. Der Wind begann die Nebel fortzuklären, so daß wir uns auf einige große Bimssteinblöcke niederließen und unsere Pfeifen anzündeten, um zu warten, bis wir einen noch besseren Rundblick erhielten. Eins war sicher: dieses war der Vulkan „Öskjugjá", der so viel Verwüstung im Jökultal und in seiner Nachbarschaft angerichtet hatte, und wir standen auf dem Ostrande seines Kraters! Jetzt hoben sich auch die Wolken in der Ferne, und als sich eine Tiefe nach der anderen und ein Zwischenraum nach dem anderen aufklärte, konnten wir das versengte und verbrannte Land sehen, das sich meilenweit hinter uns ausdehnte. Ein Berg nach dem anderen schüttelte sein Nebelhaupt ab, in das die Nacht ihn eingehüllt hatte, und als sich auch die Wolken im Norden auflösten, vermochten wir eine dreieckige Ebene zu erkennen, die mit Ausnahme einer Stelle im Nordnordosten von Vulkangruppen eingefaßt war. Einige von diesen hatten in alten Zeiten Ausbrüche gehabt und mit ihren niedrigen Lavaströmen dazu beigetragen, das weitausgedehnte Lavameer Ódádahraun anzuschwellen. Der Krater, auf dessen Ostrand wir standen, lag in ihrer Südecke. Diese Ebene war die Askja (was „ovaler Holzkasten" bedeutet). Sie ist ungefähr 6 Meilen lang und 3—4 Meilen breit und an diesem Ende einige 4000 Fuß über dem Meere gelegen. Ich glaube, daß sie durch ein Engtal auf der Nordostseite der Dyngjufjöll leicht erreicht werden kann. Jetzt vermochten wir in großer Tiefe unter uns und der Schätzung nach eine Meile nordwärts auch den (gegenüberliegenden) Rand des Kraters wahrzunehmen. Als wir zu ihm blickten, öffnete sich eine große Spalte an seinem Rande, und ein beträchtliches Erdstück glitt mit nur wenig Geräusch in den Krater, tief hinunter über unser Sehbereich hinaus. Nachdem der Nebel sich etwas verzogen hatte, war im Nordnordosten des Tales, aber jenseits des Kraterrandes, ein Schacht wie die Mündung einer großen Kohlengrube frei geworden, aus dem eine gerade Säule pechschwarzen Rauches emporstieg. Bum, Bum! so tönte es aus seinem heiseren schwarzen Schlund, und nach einigen Sekunden ging ein schwerer Schauer von jenen groben erdigen Körnern nieder, von denen ich schon sprach. Dann zeigte sich in dem dunklen Kraterboden eine lange Reihe von Klüften und Löchern, aus denen kreischender Lärm zwischen tintenfarbigem Dunst, Flecken dampfender Erde und gähnenden Spalten und Rissen aufstieg. Jetzt brach die Sonne durch, und beinahe gleichzeitig hoben sich die Wolken aus dem

Tal und schlichen gegen den Wind davon. So konnten wir den ganzen Krater und seine Umgebung mit Ausnahme jener Stellen mustern, an denen dichter Rauch und Dampf den Einblick wehrte. Ich fühlte, es war die Reise von England wert, selbst nur einen Augenblick an dem Abgrund, der sich zu unsern Füßen öffnete, zu stehen und in ihn hinabzuschauen mit seinen schwarzen Tiefen und schrecklichen Abgründen, die sich alle in das allgemeine Mischmasch von Dampf und Schlamm und Gestank und fürchterlichem Getöse einfügten, während sich hinter uns eine wilde Wüste von Schluchten, Einöden und Bergen dehnte, ein Land, das unter Asche seufzte und vor Trostlosigkeit klagte. Dieser Krater, den wir vielleicht Öskjugjá (= Abgrund des ovalen Kastens) nennen dürfen, ist von dreieckiger Gestalt und besitzt ungefähr 5 engl. Meilen im Umkreis und etwa $1^1/_4$ engl. Meile quer. Die Basis des Dreiecks liegt gen Nordwesten. Von dieser Basis, die beinahe gleichhoch mit der Askjaebene war, schnitt eine senkrechte Felswand jegliche Verbindung mit dem Kraterboden ab, der sich allmählich zum Mittelpunkt zu einer Tiefe von wahrscheinlich 400—500 Fuß unter der genannten Ebene neigte. Ich hatte keine Gelegenheit, die Zahl zu messen, und wie ich weder zum Krater irgendwo hinunter kommen konnte, so vermochte ich auch nichts mehr von den Steinen zu sehen oder zu hören, die ich auf seinen Boden hinabschleuderte. Sie ließen keinen Laut widerhallen, vermutlich, weil sie in weichen Schlamm fielen; denn der Boden des Kraters schien mit dem gleichen plastischen Schlamm bedeckt zu sein, der zeitweise auf uns herunterregnete. Die Ost- und Westseiten des Kraters liefen nach Süden zusammen, umschlossen von hohen Bergen, die sich stellenweise 1000 Fuß derart über die Askjaebene erhoben, daß die Heftigkeit der Eruption ihre Innenseite weggeschossen zu haben schien und die senkrechten Wände von großer Höhe zurückgelassen hatte. Die Ränder des Kraters fielen ständig schnell ein und hatten an verschiedenen Punkten steile Gehänge von Bimsstein und Schutt gebildet, an denen hinabzusteigen ganz gut möglich war. Jedoch wurde jeder Zutritt zum eigentlichen Kraterboden durch einen senkrechten Innenabfall am Fuß dieser Höhen vereitelt. Ob sich diese Geländeform lange Zeit unverändert halten wird, ist sehr zweifelhaft, denn während unseres Aufenthaltes ging bisweilen kaum eine Minute zwischen dem Gedonner der Steinstürze vorüber, die den Lärm vermehrten und die Gestalt des Kraters allmählich veränderten. Drei Hauptreihen von Spalten, Löchern und unregelmäßigen Öffnungen gingen vom Mittelpunkt des Kraters nach Südosten und Westen aus. Zusammen mit den schwarzen Flecken dampfenden Bodens und einigen kleinen Rissen blieben sie allein von der Riesenkluft übrig, die sich einmal an Stelle dieses Tales befand. Ich suchte nun einen Punkt aus, an dem sich ein ansehnlicher Absturz in den Kraterrand ereignet hatte und so einen niedrigeren Böschungswinkel als irgendwo anders gebildet hatte. Er hatte eine Schneeschicht aus dem vergangenen Winter freigelegt, an der wir genügend Wasser zum Frühstück erhalten konnten. Meine Leute schliefen hier, während ich mein Tagebuch aufschlug, sogleich aber durch ein seltsames Rauschen gestört wurde. Instinktiv sah ich zum Krater und erblickte dort eine Erscheinung, die ich beim ersten Anblick für einen Nebelbogen im Dampfe hielt. Aber sofort zeigte das zunehmende Geräusch die wahre Natur! Es war ein mächtiger Wasserstrahl, der einer Spalte am Kraterboden entsprang und der, da er schräg herausgeworfen wurde, beinahe einen Bogen beschrieb, der sich zu größerer Höhe erhob als der ebene Fleck war, auf dem wir lagerten. Natürlich war er längst, ehe er eine solche Höhe erreichte, in Sprühregen aufgelöst. Mit großer Heftigkeit fiel er auf die andere Seite des Tales und riß dort einen großen Teil des Kraterwalles mit erstaunlichem Lärm ein. Durch die Erschütterung ging eine Reihe von Steinlawinen in anderen Teilen des Vulkans nieder. Aus der Wirkung solch einer verhältnismäßig kleinen Wassermasse kann man sich ausmalen, was für ein furchtbares Schauspiel der Vulkan geboten haben muß, als er im Stadium voller Tätigkeit war und der ganze Krater eine unermeßliche Menge Bimsstein, Schlamm und Wasser ausspie und das ganze Tal da unten ein kochender Kessel von Feuer und Wasser war! Wir rückten in den Schutz eines großen Tuffblockes, legten uns einen Schlafplatz im Bimsstein an und schliefen bequem, indem wir das Zelt wie eine große Bettdecke über uns alle breiteten. — Nach dem Erwachen stieg ich zum höchsten Punkt des Kraterrandes, der ungefähr am äußersten Südende gelegen ist. Dem Aneroid nach fand ich seine Höhe zu ungefähr 4500 Fuß ü. M., dem Azimutkompaß nach lag er 40° westlich von Herdubreid und 103° östlich von Skaldbreid. Von dieser Stelle aus erschien der Kraterboden mehr geneigt und aufgewölbt, und viele seiner klaffenden Spalten zeigten sich breiter als vorher, was zweifellos die Folge des Blickes in die Längsrichtung von dem beherrschenden Standpunkt aus war. In der Tat erweckte es den Eindruck, als ob sich die Spalten gegenseitig an furchtbarem Getöse und ekelhaften Aushauchungen überbieten wollten. ... An einer Stelle schien es für uns möglich zu sein, den Kraterboden zu erreichen, und da es uns einen beträchtlichen Umweg sparte, packten wir auf und begannen wieder einen sehr steilen Bimssteinabhang hinabzuklettern. Als wir 750 Fuß hinabgestiegen waren, fanden wir unsern Weg durch die schon erwähnte Innenwand versperrt. Bislang hatten wir ihre volle Ausdehnung von dem überhängenden Kraterwall nicht ermitteln können, aber von diesem günstigen Platz aus schien sie 300 Fuß tief zu sein, während der Boden augenscheinlich aus schwarzem Schlamm bestand. Manche der Spalten müssen 20—30 Fuß breit gewesen sein, und andere waren wenigstens eine viertel Meile lang. Ich versuchte den Innenabsturz zu messen, indem ich ein Stück schwersten Bimssteines hinabwarf, aber kein Laut erhallte, als es den Grund erreichte, und zu sehen, wo es niederfiel, konnte ich es nicht weit genug schleudern, da es so leicht war. Von hier an den äußersten Rand des Abfalles zu gehen, wagten wir wegen der lockeren und bröckeligen Beschaffenheit der Felsen nicht, so daß uns nichts anderes übrig blieb, als wieder zurückzuklettern, was wegen der Steilheit der Böschung nicht leicht war. ... So mußte ich an einer Stelle in ungefähr 200 Fuß Höhe Stufen mit meiner Eispickel schlagen. Recht heiß erreichten wir endlich die Höhe, von Herzen froh, oben zu sein anstatt in 750 Fuß Tiefe; denn wenn wir ausgeglitten wären, würden wir aller Wahrscheinlichkeit nach auf den Boden des Kraters gestürzt sein. Schließlich kamen wir wieder zur Askjaebene, indem wir den Felsspitzen auf der Ostseite des Kraters folgten. Hier fanden wir alles von einem dunkelbraunen Schlamm bedeckt, der noch dicht um uns herumfiel. Ich besichtigte zunächst den Schacht, den ich am Morgen bemerkt hatte und der gerade oben am Steilabfall lag. Ich fand seinen Umfang gleich $^1/_4$ engl. Meile. Als ich in ihn hinabblickte, war für lange Zeit nichts als dichte Dampfwolken und Schlamm zu sehen, die mit wechselnder Heftigkeit aus ihm heraufstiegen. Aber nach einer Weile glitt ein großes Stück seines Randes hinein und unterdrückte die Dampfentwicklung für einige Minuten, was uns gestattete, ein schwarzes trichterförmiges Loch zu erkennen, das sich dem Boden zu verengte. Jedoch von neuem begannen große Dampfwolken aus ihm aufzusteigen, dann erfolgte ein plötzlicher Ausbruch von heißem Dampf, Schlamm und Gestank, der uns zu eiligem Rückzuge zwang. Jetzt untersuchte ich jedes Stück dieser Kraterseite, um zu sehen, ob ich irgendwie zum Boden hinabsteigen konnte, aber ich fand, daß der innere Steilabfall sich rings herumzog und überall meine Absicht vereitelte. Wir schlugen daher unser Zelt unfern des Schachtes auf, um besser den wunderbaren und wechselnden Manövern folgen zu können, die von Zeit zu Zeit statt hatten. Das Unangenehmste unseres Platzes war, daß sowohl Schnee wie Wasser fehlte, doch gab uns der weiche Boden ein erträglich sanftes Bett, und wir schliefen fest. Bald jedoch weckte uns ein heftiger

Schlammfall auf unser Zelt auf, und unser exzentrischer Freund da draußen stieß einen solchen Teufelslärm aus und verbreitete einen solchen Gestank nach faulen Eiern, daß wir den Rückzug vorzogen. Hurtig packten wir unter zahlreichen Schlammspritzern unsere Sachen, besonders eilig aus Besorgnis, mit etwas Bimsstein und heißem Wasser bewirtet zu werden. Außerdem wirkte der Gestank allmählich derart, daß wir uns krank fühlten. Wir gingen an der Nordnordwestseite des Kraters entlang, da ich die Schritte zählen wollte, um seine Größe schätzen zu können. Ich ermittelte die Länge zu ungefähr $1^1/_4$ engl. Meile. Der Boden war stark zerklüftet und zeigte an vielen Stellen den Schnee des vergangenen Winters in 6 Fuß Tiefe unter dem Bimsstein, ebenso eine Lehmschicht, die von dem Vulkan ausgeworfen war. Nachdem wir das Frühstück an einer diesen Spalten eingenommen hatten, wandten wir um Mittag unsern Rücken einer der wunderbarsten Szenerien zu, die man sich auszudenken vermag, und vielleicht darf ich hinzufügen, einer der unbeschreiblichsten, die die Welt darzubieten hat. Indem wir unsere Reise wieder aufnahmen, steuerten wir auf Skaldbreid, alias Trölladyngja zu. Der erste Teil des Weges ging quer über die kleine Ebene der Askja, über einen Lavastrom, der hier vom Ódádahraun eintritt und für einige Entfernung bergauf gelaufen ist. Der Schlamm, der von der Öskjugjá niedergeworfen war, hatte den Rand der Lava fortgenommen, was für uns sehr bequem war, und bald waren wir froh, die weite schwarze Wüste des Ódádahraun zu sichten."

Soweit der anschauliche Wattssche Reisebericht, zu dem Burton eine Kartenskizze zu konstruieren versucht hat. Faßt man die zerstreuten typischen Merkmale zusammen, so sah die Hohlform seinerzeit folgendermaßen aus. Sie bildete ein Dreieck von etwa 8 km Umfang. Seine Basis, in der Höhe des Askjabodens, lag im Nordwesten und kam ungefähr 2 km gleich, ebenso lang soll die Höhe der Figur in Nordwest-Südostrichtung gewesen sein. Die Basisseite, die stark zerklüftet war, stürzte in einer senkrechten Felswand ab, die sich auch noch im Westen vorfand. Ihre Höhe wird zu 90 bis 100 m geschätzt. Der Boden neigte sich dann allmählich zu einem Mittelpunkte, der 120—150 m unter dem Askjaboden lag. Die östliche und westliche Seite liefen nach Süden zusammen und erstreckten sich in die Dyngjufjöll hinein, die hier unter sehr steilem Böschungswinkel abbrachen. Auf dem schlammigen Boden ging eine lebhafte Dampfentwicklung vor; Thermen quollen empor, Geisire arbeiteten, Schlammpfuhle spritzten ihren Dreck in die Höhe und Solfataren rauchten, jedoch wurden in der großen Hohlform keine Anzeichen einer Eruption gesichtet. Denn das laute Getöse hatte teils den ausströmenden Wasserdampf zur Ursache, teils den Einsturz der übersteilen Ränder. Durch letzteren Vorgang wurden Risse und Spalten, wie sie bei Erdschollen infolge einseitigen Entziehens der Widerlager eintreten, in statu nascendi beobachtet. Drei Hauptreihen von Spalten und Löchern, die vom Zentrum ausliefen, waren zu unterscheiden, und zwar nach Südosten und Westen.

2. Die Entwicklung des Knebelsees.

War es WATTS nicht gelungen, den Boden der Hohlform zu erreichen, so glückte dieses den kühnen Isländern im Februar 1876. Die Gesamtschilderung des Kessels ist ungefähr die gleiche wie die von WATTS. Umfang und Tiefe wurden etwas größer angegeben, der erste zu 7,5 km, die letzte zu 400—500 m. Am Boden trafen sie einen siedenden Wassersee, der 7,5 km Umfang besessen haben soll (wohl Druckfehler) und einen tiefen Eindruck machte. In einer Schlucht, die sich im Süden in die Dyngjufjöll hineinzog, waren die Krater, aus denen heiße Quellen flossen, bei weitem am größten und zahlreichsten; doch ließ sich ihre Zahl nicht feststellen, weil man nicht zwischen ihnen hergehen konnte. Aus diesen Siedekesseln strömten drei kochend heiße Bäche zum See hinab, und jeder bildete ein enges Flußbett, während unterhalb der Kessel selbst zahllose Spalten klafften, zwischen denen nur schmale Erdbrücken lagen, auf die man jedoch nicht treten konnte; daher war es unmöglich, zu den fürchterlichen Kratern hinaufzuklettern, in denen es so laut dröhnte, daß die Männer auf ihrem Heimwege das Getöse fast 15 km weit hören konnten. Oberhalb dieser zahlreichen großen Krater war der Berg wie auseinandergerissen, und gewaltige Felsblöcke hingen in der Mitte der Abhänge und tiefer abwärts (nach der Übersetzung von ERKES).

Wie bei dem Rudloffkrater, so ist auch bei der Hohlform des Knebelsees der erste exakte wissenschaftliche Bericht JOHNSTRUP aus dem Sommer 1876 zu danken. Die Einsenkung, die 232 m unter den Askjaboden reichte, erstreckte sich von Nordosten nach Südwesten. Im Nordwesten wurde sie von einem Steilrand begrenzt, der einen Bogen beschrieb und terrassenförmig abbrach. In der Mitte der Einsenkung lag ein breiter, kreisrunder See, dessen Durchmesser etwa 1250 m betrug. Hellgrünes und 22° warmes Wasser erfüllte ihn. Auf seinem Spiegel schwammen große Bimssteinstücke, die von Wind und Wellen bewegt wurden und eigentümliche Laute durch ihre gegenseitige Berührung entstehen ließen. Gespeist wurde der See von Dampfexhalationen, Fumarolenabflüssen und lehmigem, 40° warmem Wasser, das aus der Südostecke der Hohlform herbeieilte. Dort lag etwa 93 m unter dem Askjaboden und etwa 138 m über dem Niveau des Sees eine Gruppe von Kratern, die in Form und Tiefe dem Rudloffkrater ähnelten, aber nicht so scharf ausgeprägt in die Erscheinung traten. Die Exhalationen waren hier außerordentlich stark, so daß JOHNSTRUP nur in einen der Krater hineinblicken konnte. Seine Wände bestanden aus schwarzem Tuffsandstein. Rings um die Krateröffnung lagen scharfkantige Blöcke bis 1000 Kubikfuß Inhalt, die aus dem gleichen Tuff gebaut waren, ferner solche aus Basalt und aus einer Art Grußkonglomerat, in welchem Eis das Bindemittel war. Überdies fand sich hier auch ein feinerer Tuff vor, der in einen lehmigen Schlamm übergegangen war. Vielleicht rührte der letztere teilweise von früheren kleinen Eruptionen erdigen Materiales her. Jetzt hatte ein regelmäßiges Dampfausströmen Platz gegriffen, das auch aus vielen kleinen Spalten unter Schwefelabscheidung erfolgte.

Betrug der Höhenabstand zwischen Seespiegel und Askjaboden 1876 230—240 m, so war er 1880 auf 180—190 m infolge Anwachsens der Wassermenge zurückgegangen. Von 1878—1880 hat er sich nach LOCKs Schätzungen vielleicht 10—15 m gehoben. Gleichzeitig wuchs auch seine Ausdehnung, die südlich bis zum Fuß der Dyngjufjöll reichte. Den See speisten Grundwasser wie Oberflächenwasser, namentlich das heiße Wasser, das aus dem Südosten aus jener Schlucht herbeieilte, aus der JOHNSTRUP die Krater beschrieb und die durch einen „angular rocky ridge“ gen Norden begrenzt wurde. Noch fand eine lebhafte Dampfentwicklung mit großem Getöse in ihr statt, doch war im einzelnen nicht zu erkennen, wie sie sich abspielte; nur von einigen Dampfstrahlen war zu sehen, daß sie horizontal aus den Berggehängen kamen. Das Wasser, das aus der Schlucht in den See floß, war zu reichlich, als daß es nur kondensierter Dampf sein konnte. An den Wänden des Sees waren vielfach Nachstürze zu sehen, und von 1878—1880 zeigten sich Abbrüche größerer Massen, wodurch die Dyngjufjöll gerade dort, wo sie an die Hohlform grenzten, ein viel frischeres Aussehen erhalten hatten als ihnen im allgemeinen anhaftet.

Ein Jahr später muß der See schon wieder beträchtlich an Größe zugenommen haben, denn zum ersten Male wird erwähnt, daß der Rudloffkrater 150—160 m direkt zum See hinabfällt. Wie man aus der Zahl ersieht, ist das Wasser in dem einen Jahr um rund 30 m gestiegen, falls die Messung nicht oben am Kraterrande geschah, was die Zahl um einige Meter verringern würde. Dem Augenmaß nach geurteilt, betrug der Umfang des Wassers 5 bis $6^1/_2$ km. Die Oberfläche war ruhig und trug Bimssteinstücke.

Wasser- und Lufttemperatur entsprachen ungefähr einander und beliefen sich auf 12° C. In der Schlucht im Südosten waren die Exhalationen noch sehr tätig; der Erdboden war in ihrer Nähe in rote, grüne und gelbe Farben zersetzt. Auch die Krater stießen noch Dampf aus, so einer, der „beträchtlich“ tief war, aus einem kleinen, lebhaft bewegten See, ein anderer unter geradezu betäubendem Lärm.

Thoroddsen fand 1884 ungefähr das gleiche Bild vor. Der See, in dessen grünlichem Wasser beständig große Luftblasen zur Oberfläche emporstiegen, bedeckte den ganzen Boden der Hohlform und stand nur noch 150 m unter der Askjaebene; seine Temperatur maß 14°. Das Tosen der Krater im Süden ging ununterbrochen weiter.

Als von Knebel, Rudloff und ich zur Askja zogen, haben wir lebhaft die Frage diskutiert, ob man in dem tief gelegenen See wohl baden könnte. Wir waren bei unserer Ankunft nicht wenig überrascht, eine Landschaft vor uns zu finden, die von den älteren Beschreibungen recht wesentlich abwich. Die ganze Hohlform war von einem etwa 3×5 km² großen See erfüllt, den eine blaugrüne Eisdecke einheitlich überspannte, die nur im Südwesten und in der Nähe des Rudloffkraters am Rande des Wassers fehlte. Erst am 7. Juli, aber dann sehr schnell, löste sich das offenbar schon mürbe Eis bei Niedergang von Regen und heftigem Wind in einzelne Stücke auf, so daß am 10. Juli nur noch wenige flottierende Eisschollen vorhanden waren. Am 11. maß die Temperatur des Wassers im Nordwesten 1°. Ungefähr am 20. des gleichen Monats verschwand das letzte Eis, an dessen Stelle die schon erwähnten Bimssteininseln traten. Der Bimsstein wird teils durch direkten Absturz ins Wasser geführt, teils zur Zeit der Schneeschmelze durch kleine Gerinne. Zunächst ist sein spez. Gewicht geringer als das des Wassers, so daß er schwimmt. Die Blöcke sind ein Spielball des Windes, werden zusammengetragen und wandern als schwimmende Inseln hin und her, dabei oft eine ausgezeichnete Bogenform beschreibend, indem die Ränder schneller fortwandern als das Mittelstück und vorauseilen. Ist der Wind heftig und schäumen kleine Wellen mit niedrigen Kämmen, so hebt und senkt sich die Bimssteinfläche, wie wenn der Wind ein Ährenfeld durchwogt. Die einzelnen Blöcke klirren aneinander und tragen in die so stille und ernste Gegend die einzigen belebenden Laute hinein. „Es machte auf uns fast den Eindruck, als würden mürbe Totenschädel leise aneinandergeschlagen“, sagt Erkes treffend. Fast alle Reisenden haben diese eigenartigen Laute empfunden.

Der Spiegel des Sees lag 60 m unter dem Askjaboden, nicht 50 m, wie ich 1908 versehentlich mitteilte. Die Zahl ist das übereinstimmende Ergebnis mehrfacher Aneroidmessungen in der zweiten Julihälfte. Der See ist also weiter gestiegen, wenn auch nicht so schnell, wie LOCK mutmaßte, der 1880 annahm, daß er in etwa 20 Jahren das ganze Bassin gefüllt haben würde. Im Norden und Westen wird das Ufer von einer senkrechten Wand geformt, die im Nordwesten geklüftet war. Dort war an einer Stelle auch ein treppenförmiges Absinken des Ufers zu sehen, so daß man mit Hilfe der damaligen Schneebedeckung zum Seeboden gelangen konnte. Südlich vom Rudloffkrater war das gleiche möglich. Hier wird das Wasser von den Dyngjufjöll eingefaßt, jedoch nicht in einem vertikalen Absturz, sondern in teils steil geböschten Gehängen, teils in Staffeln, so daß bald Kliffe den See säumen, bald aber man zum Ufer gelangen kann. Doch überwiegen die Kliffe bei weitem. Außerdem wird die Randzone von vielen offenen Spalten durchzogen. Von den Kratern in der Südecke war nichts mehr zu sehen, wohl aber war eine talartige Ausbuchtung vorhanden. Im Süden fielen die Berge in sehr steiler Böschung unmittelbar zum See hinab so daß es nur unter großen Schwierigkeiten möglich war, hier entlang zu klettern. Zur Zeit der Schneeschmelze gingen an diesen übersteilen Gehängen fast tagtäglich einige Bergstürze in die Tiefe, und beinahe ständig arbeitete der Steinschlag. Unfern des Rudloffkraters wie im Süden rauchten kleinere Solfataren, ferner recht intensive im Südwesten. Je feuchter die Luft, desto deutlicher und höher war der aufsteigende Dampf wahrzunehmen.

ERKES fand im folgenden Jahre, 1908, im wesentlichen das gleiche Bild vor. Er schätzte die größte Länge des Sees auf 3 bis 3,5 km, seine größte Breite auf 2—2,5 km. Die Tiefe seines Spiegels unter dem Askjaboden soll 30 m betragen haben. RECK hat einige schärfere Angaben in demselben Jahre hinzugefügt. Er hat in dem See, dessen Areal er zu $3 \times 4{,}5$ km² ansieht und der nach ihm ungefähr 60 m unter dem Askjaboden lag, von meinem 1907 hintransportierten Boot aus eine Reihe von Tiefenmessungen und namentlich von außerordentlich willkommenen Temperaturmessungen vorgenommen; lagen doch bislang nur einzelne Stichproben vor. Schon in 100 m Entfernung vom Ufer wurden Tiefen über 100 m konstatiert, so daß die Bodenböschung, wie zu erwarten, sehr steil fällt. Am geringsten ist sie, die durchschnittlich 35° ausmachen soll, in der östlichen Ausbuchtung des Sees. Eine Beurteilung, auf wie viel Zahlen sich diese Schlußfolgerungen gründen, ist leider nicht möglich, und die Angabe, daß JOHNSTRUP eine unersteigliche Wand von 230 m angibt, Reck jetzt aber terrassenförmige Staffelabbrüche nachgewiesen habe, ist einmal von Reck auf Grund der publizierten Zahlen überhaupt nicht erwiesen und zweitens mit Johnstrup übereinstimmend, der in seinem Profil S. 6 deutlich Staffelabbrüche einzeichnete. Die oberflächliche Wassertemperatur wurde von Reck am 22. und 23. August im allgemeinen zu 6,5° ermittelt, in der Nähe von Solfataren zu 15° und 11°. Aus den Messungen zweier Tage auf eine mittlere Temperatur für August 1908 zu schließen, dürfte man wohl kaum berechtigt sein.

v. Grumbkows Angaben sind etwas anders. Nach ihr beträgt der Durchmesser des fast kreisrunden Sees 4—5 km, die durchschnittlichen Temperaturmessungen Recks hätten 8,5° ergeben. Die Abweichungen sind wohl kleine Versehen.

1910 erblickte ich im ganzen dasselbe Bild wie 1907. Nur am Rande zeigten sich kleine Änderungen. So waren südlich des Rudloffkraters viele kleine randliche Nachstürze erfolgt, so hatte sich im Nordwesten eine große langgestreckte Scholle losgelöst und war erst um wenige Meter gesunken. Steinschlag wurde weder von H. Erkes noch von mir in diesem Sommer beobachtet. Eine vereinzelte Temperaturmessung im Nordosten zeigte 10°.

Im folgenden seien die wichtigsten Daten tabellarisch zuzammengefaßt. Die Angaben über das Niveau des Wasserspiegels beziehen sich auf den Askjaboden.

Jahr	Autor	Zuverlässigkeit der Werte	Seespiegel (m)	Areal (ungefähr km²)	Temperatur (° C.)
1875	Watts	brauchbar	120—150	—	—
1876	Jón	unsicher	—	—	kochend
1876	Johnstrup	brauchbar	232	1,2	22
1878	Lock	etwas unsicher	190—200	—	36
1880	Lock	„ „	180—190	—	—
1881	Morgan	brauchbar	150—160	3	12
1884	Thoroddsen	„	150	3	14
1907	Spethmann	„	60	15	1
1908	Erkes	„	30	6—8	—
1908	v. Grumbkow	unsicher	60	13	8,5
1908	Reck	brauchbar	60	13	6,5
1910	Erkes	} wie 1907			—
1910	Spethmann				10

Aus früheren Angaben sei berichtigt, daß ich, später Reck, statt 22° 40° von Johnstrup mitgeteilt haben, ferner daß Reck bei Morgan 300 Fuß Tiefe als wertlos zurückweist, während Morgan 500 Fuß angibt. Er hat vom Rudloffkrater aus gemessen.

Studiert man die Tabelle, so geht aus ihr zunächst klar hervor, daß der heutige Knebelsee erst nach dem Sommer 1875 ins Leben gerufen wurde, seitdem allmählich sein Niveau gehoben hat und dementsprechend auch an Areal gewachsen ist. Unregelmäßigkeiten, die sich aus der Zahlenfolge ergeben, dürften auf Ungenauigkeiten in den überlieferten Angaben zurückzuführen sein. Mit diesem Werdegang ist aber keineswegs gesagt, daß vor dem Sommer 1875 kein See in der Hohlform existiert hat; wäre es doch möglich, daß das Wasser bei der heftigen Eruption im Frühjahr des gleichen Jahres verdampfte oder einen unterirdischen Ausweg fand, ein Gesichtspunkt, den ich früher nicht erwogen habe und bei dessen Diskussion auch die aus dem Rahmen fallende Mitteilung von Watts besprochen werden soll.

Die Quelle des Wassers dürfte nur in ganz geringem Maße in Solfatarenabflüssen und Thermen zu suchen sein. Hauptsächlich wird die Schneeschmelze im Verein mit direkten atmosphärischen Niederschlägen die Speisung bewirken. Ein Teil dieser Flüssigkeit wird ihm als Grundwasser zufließen, ist doch der See an der tiefsten Stelle des Askjakessels gelegen. Die vorläufige Abflußtätigkeit seines Beckens wird ein weiteres Steigen bedingen, bis das noch fehlende Stück mit Wasser aufgefüllt ist und dann sich zugleich auch der Grundwasserspiegel in der Askja gehoben hat, so daß eine Entwässerung durch das Op zum Dyngjuvatn erfolgt, das alsdann größer und beständiger werden wird.

Ferner ergibt sich aus der Tabelle zunächst mit ziemlicher Sicherheit, daß der See mindestens 170—180 m tief ist. Jedoch ist nicht zu vergessen, daß seiner Hohlform seit 1875 viel erdiges Material zugeführt ist und man wohl nicht fehl geht, 30—40 m von dieser Minimaltiefe abzuziehen, zumal, wenn man sich vergegenwärtigt, daß die Vorsprünge im Süden und Osten der Hohlform, die Caroc verzeichnet, fast gänzlich verschwunden sind. Im allgemeinen wird wohl jene Fläche, auf der der See sich zuerst zeigte, dem tiefsten Boden entsprechen. Nach der Karte von Caroc deckt sie sich ungefähr mit der Mitte des heutigen Sees. Die nächst tiefere Partie ist, wie Locks Karte lehrt, in der Richtung auf das Solfatarenfeld am Westufer gelegen. Wie schon aus der Beschreibung von Watts hervorging und später bestätigt wurde, ist der Boden vergleichsweise flach, hingegen sind die Ufer recht steil. Die Wandungen tragen noch gegenwärtig ebenso wie das Niveau des Wassers den Zug des Unfertigen.

Weniger klar als der Gang der quantitativen Zunahme des Wassers ist der Gang der Temperatur. Schon Johnstrup fand 1876

22°, und alle späteren Messungen bewegen sich zwischen dieser Zahl und 0°. Hieraus Schlüsse abzuleiten, ist eine große Vorsicht geboten; haben doch die Untersuchungen Recks die zu vermutende Tatsache bestimmt ergeben, daß in der Nähe der Solfatarenfelder der Wärmegehalt weit größer ist als die Durchschnittstemperatur des ganzen Sees. Da fast von keinem Reisenden genau angegeben ist, wo er seine Messungen vorgenommen hat. so scheint mir keine genügende Unterlage zu weiteren Konsequenzen gegeben, und jener Annahme einer ständigen Temperaturabnahme, der ich 1907 Ausdruck gab und der Reck beigepflichtet hat, vermag ich nicht mehr beizustimmen. Allgemein scheint mir aus der Reihe der Temperaturmessungen hervorzugehen, daß die Temperatur im großen und ganzen der jeweiligen Lufttemperatur entsprochen hat, und zwar schon gleich nach 1876.

3. Die Entstehung der Hohlform.

Nach Würdigung der geschichtlichen Daten über die Hohlform ist es möglich, ihre Anlage zu ergründen. Deduktiv bieten sich zwei Möglichkeiten der Entstehung, Explosion oder Senkung. Vergegenwärtigen wir uns kurz beide Vorgänge, so gelangen wir zu der Erkenntnis, daß staffelförmige Einbrüche, wie sie sich vielfach am Rande des Knebelsees finden, nicht eindeutig für einen Einbruchskessel sprechen. Bei einem ausgeblasenen Explosionsloch können sie durch Nachsacken der Seitengehänge infolge einseitiger Entziehung der Widerlager entstehen. Ein durchgreifender Unterschied beider Prozesse beruht darin, daß bei einer Explosion herausgesprengtes Material oberflächlich verbreitet wird, bei einer Senkung hingegen nicht. Nirgends ist nun um den Knebelsee explosives Material zu treffen mit Ausnahme jener Produkte, die vom Rudloffkrater gefördert wurden. Wäre ein so großes Loch wie die Hohlform des Knebelsees ausgeblasen, wie es Watts annimmt, so müßte der ganze Askjaboden mit Projektilen von Tuff und Basalt bedeckt sein, was aber nicht der Fall ist. Hiermit ist ein zwingendes Argument für einen Einbruch gewonnen, wie ich früher schon ausgeführt habe und worin Reck mir gefolgt ist. Wir können die Senke deshalb als Einbruchskessel bezeichnen.

Für die Zeit des Einbruches sind verschiedene Ansichten geäußert, die jedoch nur in kleinen Zügen voneinander abweichen, sonst aber allgemein dahin übereinstimmen, daß der Vorgang während oder sehr bald nach der Tätigkeit des Rudloffkraters erfolgte. Ich kam 1907 auf Grund literarischer Studien zu dem Ergebnis, daß der Prozeß des Einsturzes nach Watts Anwesenheit, aber vor der von Jón Thorkelsson, statthatte, also zwischen dem Sommer 1875 und dem Februar 1876. Mit Recht hat Erkes schon darauf hingewiesen, daß schon vor dem Wattschen Besuch ein Teil der Einsenkung vorhanden war, und auf das gleiche ist Reck nochmals ausführlich zurückgekommen. In der Tat muß ich der Ansicht der beiden Autoren beipflichten. Die Meinungsverschiedenheit beruhte darauf, daß mir das höchst seltene Buch von Watts zur Zeit der Abfassung meiner früheren Schrift über die Askja nicht bekannt war, sondern, wie zitiert, nur sein Aufsatz im Journal der Londoner geographischen Gesellschaft, der diese Verhältnisse in jenem ersten Sinne zu beurteilen zuließ.

Keineswegs ist aber durch die vorstehenden Angaben die Frage gelöst, ob vor der Bimssteineruption am 28. und 29. März 1875 sich überhaupt keine Hohlform an Stelle des heutigen Knebelsees vorfand. Johnstrup meint, daß eine kleine Einsenkung schon vor dieser Eruption existierte. Er gründet seine Behauptung auf den kurzen Hinweis: „Durch Vergleich mit anderen Verhältnissen auf Island." Da er weiter nichts Genaueres mitteilt, kann ich nicht in eine Diskussion seiner Beweggründe eintreten. Auch erhielt bereits Thoroddsen Bedenken gegen Johnstrups Auffassung und äußert, daß beim Ausbruch zum mindesten eine weitere Senkung eintrat. Trotzdem ich Johnstrups Beweis nicht als stichhaltig anzuerkennen vermag, glaube ich doch, daß eine schon recht beträchtliche Einsenkung vor dem März 1875 existierte, und zwar auf Grund der von Johnstrup und Thoroddsen übereinstimmend gemachten Mitteilung, daß die Krater im Süden der Hohlform unter dem Niveau der Askja gelegen sind, nach Johnstrup 93 m, nach Thoroddsen ca. 90 m. Von keinem der Autoren wird berichtet, daß die Schlote nicht auf primärer Lagerstätte liegen; ebenso spricht keine der niedergelegten Mitteilungen dafür. Da diese Krater sehr wahrscheinlich im Januar 1875 tätig waren oder entstanden, wie auseinandergesetzt, so scheint mir hierin ein wichtiger Hinweis zu liegen, daß bereits vor dem März 1875 eine Fläche ca. 90 m unter dem Askjaboden lag. Dieser Schluß wird erhärtet durch die historische Überlieferung. Jene Isländer, die im Februar 1875 in der Askja weilten, fanden bereits eine Hohlform vor.

Jedoch ist der Einbruch wohl kaum gleich in seiner ganzen Tiefe vorhanden gewesen, denn für den Juli 1875 gibt Watts, dessen Zahlenangaben innerhalb der üblichen Fehlergrenze bei rohen Messungen und Schätzungen Zutrauen verdienen, die Tiefe der Hohlform zu 120—150 m an, nicht zu 100 m, wie Reck auf Grund einer Stelle mitteilt, die sich auf den steilen Innenabfall bezieht, so daß die ganze Tiefe bis zu 232 m, die Johnstrup ein Jahr später vorfand, erst zwischen den Sommern 1875 und 1876 entstanden zu sein scheint.

Ein weiteres Moment zur Festlegung des Alters ist die Bimssteindecke. Sie ist am Rande des Kessels mannigfach verworfen und verstürzt. Die Lageveränderungen können sich erst nach der Eruption des Bimssteines vollzogen haben und weisen deshalb für einen Teil des Kessels gleichfalls auf eine Entstehung nach dem März 1875 hin.

1907. H. Sp.

Fig. 36. Rutschungen in den südöstlichen Dyngjufjöll am Abfall zum Knebelsee.

Nachdem der Einbruchskessel im Sommer 1876 offenbar seine größte Bodentiefe erreicht hatte, sind mannigfache Nachstürze an den jungen Flanken erfolgt. Meistens umsäumen sie in konzentrischer Anordnung den Kessel, teilweise in radialen Rissen, wie namentlich im Nordwesten. Derart wird fast der ganze See — eine Ausnahme macht nur der Süden — von einer staffelförmigen Abbruchszone eingefaßt. Die Südseite des Rudloffkraters liegt auch auf einer solchen Staffel, und die Senkung des Kraterwalles weist hier auf Vorgänge hin, die mit der Eruption nichts zu tun haben. Hierher gehören auch sämtliche Schollen am Westufer des Sees, von denen Reck drei schematische Profile ohne Maßstab geliefert hat.

Infolge des Nachstürzens der Wände trägt die Innenseite der Dyngjufjöll um den Knebelsee herum viel frischere Formen als an dem übrigen Askjarande, was schon Lock aufgefallen war. Namentlich ist die Südeinfassung der Askja in dieser Hinsicht lehrreich, die keineswegs, wie Reck behauptet, „eine fast gerade Linie“ darstellt, sondern die Westhälfte der südlichen Dyngjufjöll liegt südlicher, so daß die Askja hier in dieser Richtung ausgebuchtet ist, wie schon Carocs Karte lehrt und besonders von den westlichen Dyngjufjöll schön zu beobachten ist. Die abgestürzten Schollen sind ganz unter den Spiegel des Knebelsees geraten, so daß die Dyngjufjöll direkt in der Höhe, die sie vor 1875 besaßen, das Südufer des Sees säumen. Liegen doch gerade ihre höchsten Punkte hier unmittelbar am Rande des Wassers.

Aus dem allmählichen Nachstürzen der Wände folgt, daß sie selbst keine tektonische Linie, keine Bruchlinie verkörpern, sondern daß diese weiter nach dem Innern der Hohlform zu suchen sind, falls überhaupt tiefere tektonische Bewegungen die Bildung des Kessels veranlaßten. Das gleiche lehrt die Karte Carocs. Von diesem Standpunkte aus ist es mir unmöglich, Reck beizupflichten, wenn er für das Ostufer des Sees schreibt: „Der Grund für das Nord-Süd-streichen der Abbruchswand ist ... lediglich in dem Beharren der Abbrüche an einer vorgezeichneten Linie zu suchen“. Es sind doch keine tiefgehenden, echten Verwerfungen vorhanden, sondern nur oberflächliche Rutschungen, entstanden an einem Abfall von über 100 m durch einseitige Entziehung der Widerlager. Sowohl Caroc wie Lock beschreiben deutlich einen gebuchteten Ostrand, dessen letzte Reste noch heute zu sehen sind.

Sind Askja und Knebelsee Calderen?

Ehe wir die Dyngjufjöll und Askja verlassen, wollen wir die Frage betrachten, ob ihre beiden Hohlformen als Calderen angesprochen werden dürfen. Zur Beantwortung müssen wir den Begriff Caldera einer Erörterung unterziehen.

Am 21. Januar 1908 wurde von mir in einem Vortrage im geographischen Institut der Universität Berlin darauf aufmerksam gemacht, daß der „Begriff Caldera" verschwommen ist und daß man ihn auf einem Wege, der im folgenden näher dargestellt werden soll, scharf zu fassen vermag.[1] Etwas später, am 24. Februar des gleichen Jahres, sprach sich C. GAGEL ebenfalls über die Unsicherheit aus, die über dem Begriff Caldera ruht. Seine Ausführungen erfuhren in einem Aufsatz von F. JAEGER Widerspruch, auf den hin GAGEL noch einmal seinen Standpunkt darlegte. Hierauf bekannte sich auch JAEGER zu den GAGELschen Anschauungen, die somit das Ergebnis der Erörterung verkörpern. Es lautet: Der Begriff Caldera ist abzuschaffen und an seiner Stelle ein neues Wort, „etwa vulkanisches Kesseltal oder Zirkustal" einzuführen.

Mit diesem Resultat der Diskussion ist nichts gewonnen, sondern nur noch mehr Verwirrung in die Sachlage getragen. Ganz abgesehen davon, daß es schwer halten wird, einen internationalen Begriff wie Caldera plötzlich mit Stumpf und Stiel auszurotten, kann man doch mit Fug und Recht von jemandem, der einen Begriff durchaus abschaffen will, verlangen, daß er mindestens ein treffenderes Wort als Ersatz vorführt. Aber der Ausdruck „vulkanisches Kesseltal oder Zirkustal", den GAGEL anbietet, ist als morphologische Bezeichnung unbrauchbar, da das Wort GAGELS eigner, durchaus berechtigter Forderung von einem Begriff, „fest bestimmte Ideenassoziationen mit einem Wort auslösen und lange Beschreibungen ersparen", nicht nachkommt. Ich kann mir einen Kessel vorstellen, ich kann mir ein Tal vorstellen, aber wenn ich

[1] H. SPETHMANN, Der Begriff „Caldera". Globus, Bd. 95 S. 253—255. Braunschweig 1909. Daselbst ist auch die übrige Literatur angegeben.

unbefangen das Wort „Kesseltal oder Zirkustal“ vernehme oder lese, sehe ich gar kein Formgebilde der Erdoberfläche vor mir und vermag mir nichts darunter auszudenken. Der Ausdruck, der in der Mitte des abgelaufenen Jahrhunderts sehr beliebt war, ist seitdem stillschweigend immer mehr und mehr in den Hintergrund getreten, geradeso wie das umgekehrte Wort: Talkessel, das in feineren morphologischen Schriften neuerdings geflissentlich gemieden wird und an dessen Stelle eine Reihe anderer Ausdrücke wie Trogschluß und Kar vielfach getreten sind. Man sieht sich also genötigt, festzustellen, worin denn gegenwärtig die Unklarheit liegt und wie weit sie sich erstreckt.

Daß Caldera kein ganz umrissener Begriff ist, beruht ohne Zweifel darauf, daß das Wort nicht von irgend einem Forscher zu einem festen Begriff erhoben wurde, sondern sich im Laufe der Zeit in die Terminologie geradezu eingeschlichen hat, also nicht, wie man des öfteren bei C. Gagel lesen kann, von L. v. Buch zur Bezeichnung eines bestimmten vulkanischen Phänomens in die Nomenklatur eingeführt wurde.[1] Nirgends braucht der große Gelehrte, auch nicht in den vergleichenden Schlußkapiteln seines Werkes „Physikalische Beschreibung der Canarischen Inseln“ (Berlin 1825) Caldera als terminus technicus, sondern er verwertet den Ausdruck lediglich in seiner lokalen topographischen Bedeutung, derart, wie er von der ansässigen Bevölkerung der nordwestafrikanischen Inseln benutzt wurde. Auch die Forschergruppe, die sich in der Mitte des vorigen Jahrhunderts mit La Palma beschäftigte, Lyell, Reiss, Hartung u. a., griff den Ausdruck lediglich als Ortsbezeichnung auf. Poulett Scrope kennt selbst um 1862 in seinem Werke über die Vulkane nichts von einem Begriff Caldera, auch Fuchs beschränkt 1865 in seinem Buche: „Vulkanische Erscheinungen der Erde“ das Wort lediglich auf Gebilde, denen es bereits von den einheimischen Bewohnern beigelegt war. Erst 1868 dürften v. Fritsch und Reiss den Namen in weiterem Sinne verwendet haben.[2] Sie verstehen unter ihm „Große Zirkustäler oder Kesseltäler“, die sich an Vulkane knüpfen, und sondern in solche explosiver und solche erosiver Entstehung, geben dabei zu, daß auch beide Faktoren gemeinsam die Genesis bedingen können. Seitdem existiert überhaupt erst ein morphologischer „Begriff“ Caldera.

[1] Zeitschr. Ges. f. Erdkunde, Berlin 1908, S. 241. Gagels persönlicher Angriff gegen den damals schon verunglückten W. v. Knebel ist also auch sachlich durchaus ungerechtfertigt!

[2] Geologische Beschreibung der Insel Teneriffa. Winterthur 1888.

Ein Überblick über die Literatur wird darüber Auskunft geben, in welchen Grenzen dieser Begriff gegenwärtig schwankt, oder ob er ganz uferlos ist. Zunächst seien die großen zusammenfassenden Fachwerke, die Wertsammler der Wissenschaft, herangeholt. Unter den deutschen stößt man auf ziemliche Übereinstimmung. NEUMAYR in seiner „Erd-(geschichte“, RATZEL in dem Werke „Die Erde und das Leben“, KAYSER in seiner Geologie, SUPAN in seiner „Physischen Edkunde“ (4. Aufl. 1908), PENCK in seiner Morphologie, WAGNER in seinem Lehrbuch der Geographie (8. Aufl. 1908) fassen den Begriff in der Weise, wie einst v. FRITSCH und REISS, zunächst losgelöst von der Entstehung, als Formbezeichnung, als großen Kessel. S. GÜNTHER geht in seinem Handbuch der „Geophysik“ (2. Aufl. 1897) augenscheinlich auf die Frage nicht ein, LÖWL drückt sich in seiner Geologie unklar aus. v. RICHTHOFEN verknüpft in seinem Führer für Forschungsreisende mit der Gestalt eines Kessels den Prozeß der Auswaschung, ebenso CREDNER; K. v. FRITSCH spricht in seiner „Allgemeinen Geologie“ überhaupt nicht von Calderen, sondern bezeichnet die fraglichen Gebilde als Ringwall, BRÜCKNER charakterisiert in seinem Buche: „Die feste Erdrinde und ihre Formen“ (1897) Caldera als „Explosionskrater von mehr oder minder rundlicher, zuweilen auch länglicher Gestalt“.

In der ausländischen Literatur ist bei DAVIS in der Physical Geography Caldera eine Form „a broad and deep basin“, ebenso bei Martonne im Traité de Geographie Physque. CHAMBERLIN und SALISBURY kennen offenbar einen Begriff Caldera nicht (Geologie, Bd. I, 2. Aufl. 1908).

Aus den angeführten Beispielen geht hervor, daß es zweifellos auf der Erdoberfläche Gebilde gibt, von denen man empfindet, daß sie zusammengehören, daß aber das Wort Caldera auf sie in verschiedenem Sinne angewandt wird. Jedoch erhellt, daß das Wort Caldera nicht eine völlig uferlose und verwirrte Bezeichnung ist und nicht unüberwindliche Schwierigkeiten für das Verständnis bereitet. Jeder wird in den einzelnen Fällen schnell herausfühlen, was mit Caldera gemeint ist. Anderseits ist aber auch zuzugeben, daß es vorteilhafter wäre, wenn ein gänzlich einwandfreies Wort gang und gäbe wäre, und die gesamte Diskussion über den Gegenstand wäre überhaupt überflüssig, wenn man einfach einen besseren Ausdruck für Caldera setzte, der sich allerdings auch erst seine Position erkämpfen soll. Allein, nunmehr enthüllt sich auf einmal die große Schwierigkeit, nämlich die einer neuen Namengebung. Zwei Wege öffnen sich, die zu einem gemeinsamen Zielpunkte führen, wenn man für morphologische Erscheinungen einen treffenden Ausdruck formen will: man sucht sowohl Genesis wie Gestalt zu formulieren, um sie dann beide in einem Worte auszudrücken.

Der Werdegang ist für Caldera ganz unbrauchbar; sind wir doch nur über wenige der in Betracht kommenden Gebilde unterrichtet, und dann meistens noch bei weitem nicht endgültig aufgeklärt. Es mangelt überhaupt in der Vulkanologie noch so sehr an Beobachtungen, viel zu früh wird in ihr mit Hypothesen gearbeitet, ihrer Entwicklung keineswegs zum Vorteil. Hunderte von Calderen sind gegenwärtig überhaupt noch nicht exakt untersucht, so daß man sicherlich ein einseitiges und voreiliges, die Wirklichkeit entstellendes Urteil erhalten würde, falls man jetzt ein entwicklungsgeschichtliches fällt. Soweit ist die Vulkanologie noch nicht gereift, sondern die Bahn der Genesis muß offen gelassen werden und darf nicht durch einen genetischen Ausdruck verbaut werden. Hierzu gesellt sich, daß sicherlich ganz verschiedene Vorgänge ähnliche Formen an Vulkanen angelegt haben, so daß auch von diesem Standpunkte aus ein einziges, auf die Entstehung hinweisendes Wort nicht am Platze ist.

Aber ebenso schwierig ist es, die äußere Form in ein Wort zu münzen; denn sie ist so mannigfaltig, vom weiten Becken, flachen Kessel und länglichen Tal herab bis zu den nur stückweise, in isolierten Resten oder begraben unter späteren Ablagerungen erhaltenen Gebilden, so daß ein einziger Ausdruck viel zu matt ausfallen muß, viel zu wenig Relief tragen wird, um uns einigermaßen ein scharfes Bild in der Vorstellung von dem zu wecken, was zu verkörpern beabsichtigt wird.

Da weder die Genesis noch die Form in ein Wort zu fassen ist, sieht man sich gezwungen, einen ganz neutralen, indifferenten Ausdruck zu verwerten, und die Alternative, vor die man von der logischen Überlegung gestellt wird, lautet: Entweder eine neue, inhaltlose Bezeichnung prägen oder eine schon vorhandene, die aber noch nicht geographisch verwendet wird, aufgreifen. Wie ist ein neues Wort, bei dem man sich zunächst nichts vorstellen soll, zu gewinnen? Sehr leicht, man denke sich nur ein bisher ganz unbekanntes aus und behaupte, es bezeichne das hier erörterte Gebilde, ein Gedanke, der oft, z. B. in der organischen Chemie, in die Tat umgesetzt worden ist. Indessen, da es sich um ein geographisches Objekt handelt, wird man auch hier von der zweiten Möglichkeit Gebrauch machen und zu dem alten, so vielfach mit Vorteil und Erfolg angewandten Hilfsmittel — wie ein Blick auf die Nomenklatur sofort bezeugt — greifen, nämlich Worte aus Dialekten oder Sprachen, die von einzelnen Stämmen und Völkern bereits für einen

Teil der fraglichen Gebilde benutzt wurden, in die wissenschaftliche Terminologie der Formen einzuführen, nachdem man, falls es nötig, vorher ihre Bedeutung scharf umgrenzt hat; man denke nur an Riedel, Sandur, Kar, Gangeln, Soll, Nehrung, Haff, Liman, Mäander, kurzum, Hunderte von Belegen aus allen möglichen Gegenden der Erde und aus sämtlichen Gebieten der Morphologie lassen sich mit Leichtigkeit anführen. Auch in dem hier diskutierten Fall existiert ein solch naheliegendes Wort, nämlich — Caldera! Die Bevölkerung der nordwestafrikanischen Inseln verwendet es für mehr oder minder kesselartige Hohlformen im Erdboden, die sich — für die Einwohner wohl zufällig und unbewußt — an den Vulkanismus knüpfen. Man kann darüber uneins sein, ob man dem portugiesischen Caldeira oder dem spanischen Caldera den Vorzug geben soll. Solange nicht irgend ein gutes neues Wort vorgeschlagen wird, erachte ich es am zweckmäßigsten, bei dem alten Ausdruck zu bleiben und die Schwächen, die ihm anhaften — wie mancher sonst so viel gebrauchte morphologische Begriff ist nicht Schwankungen unterworfen gewesen, ohne deshalb gleich über Bord geworfen zu sein! — dadurch zu beseitigen, daß man ihn prägnant definiert. Nunmehr setzt das subjektive Ermessen ein: Was soll Caldera bedeuten? Es erscheint am treffendsten, unter Caldera einen relativen Begriff zu verstehen, der an einem Vulkan die unverhältnismäßige Größe einer noch vollständig erhaltenen oder bereits in Zerstörung befindlichen Hohlform zu der sonstigen Proportionalität eines Vulkanbaues ausdrückt, wobei unter einem proportioniert gebauten Vulkan die Schulbeispiele: der heutige Ätna, der gegenwärtige Vesuv (nicht die Somma), der jetzige Stromboli verstanden werden, also jene Stätten, von denen die Lehre von den Vulkanen und dem Vulkanismus ihren Ausgang genommen hat und die einen „vulkanischen Prototyp“ verkörpern.

Wie überall in der Natur, wird es auch bei dieser Festlegung Übergangsformen geben, bei denen man es offen lassen muß, ob man es mit einem großen Krater oder einer kleinen Caldera zu tun hat, eine Schwierigkeit, die nicht gegen die Definition spricht: „Allen Übergangsformen wird eine Klassifikation nie gerecht werden können“ (F. Jaeger). Verwickelter ist die Abgrenzung gegenüber dem Vulkanismus. Es ist wesentlich, daß die Caldera ihrer Entwicklung oder ihrer Position nach an einen Vulkan (aber keineswegs immer an dessen Spitze) geknüpft ist; hingegen ist nebensächlich und nicht ausschlaggebend, ob sich das Gebilde gegenwärtig im Stadium vulkanischer Tätigkeit befindet oder nicht. Auch hier wird es schwankende Fälle geben, aber ein gesundes morphologisches Gefühl wird schon die richtige Entscheidung fällen.

Nimmt man das Wort Caldera in dem hier gefaßten morphologischen Sinn, aber neutral im Hinblick auf die Genesis, so ist es nunmehr leicht, durch ein weiteres, vorgefügtes Wort, das sich am besten nicht an eine bestimmte Lokalität knüpft, den Entwicklungsgang der Caldera zu kennzeichnen und dementsprechend in Explosions-, Einbruchs-, Erosionscalderen, vielleicht auch in Rückfluß- und Einschmelzcalderen zu sondern, in Typen, wie ich sie an anderer Stelle unterschieden habe[1] und wie sie ähnlich auch von Knebel aufgestellt hat, allerdings ohne eine direkte scharfe Charakterisierung des Begriffes Caldera zu geben.[2] Ist die Caldera ein Produkt mehrerer Prozesse, so lassen sich auch diese übersichtlich ausdrücken, wie z. B. eine erodierte Einbruchscaldera. Desgleichen kann man der Position nach Gruppen aufstellen, wie benachbarte und eingeschachtelte, ebenfalls kann man die Form auch noch weiter ausdrücken wie jung, reif und alt oder geschlossen und offen. Ich glaube, daß die im vorhergehenden entwickelte Definition mitsamt der beigegebenen Klassifikation den meisten historischen Auffassungen gerecht wird, ohne anderseits den Begriff zu verwässern, und zugleich auch die praktische Anwendbarkeit des Begriffes Caldera zeigt.

Treten wir von den vorstehend dargelegten Gesichtspunkten aus an die Frage heran, ob die Askja eine Caldera ist oder nicht, so müssen wir sie unbedingt bejahend beantworten. Zu verneinen ist sie aber, im Gegensatz zu meiner früheren Auffassung und der Recks, für die Hohlform, die der Knebelsee heutzutage erfüllt. Diese ist nur ein sekundärer Kessel am Boden einer Caldera.

[1] Globus, Bd. 95. Braunschweig 1909.
[2] Der Vulkanismus. Die Natur, Bd. 3. Osterwieck am Harz, 1907.

Beziehungen zu dem benachbarten tätigen Vulkanismus

Nachdem durch den so bekannt gewordenen Ausbruch der Hekla im Jahre 1845 die vulkanologische Aufmerksamkeit auf den Süden Islands gerichtet war, geschah es erst durch die heftige Eruption von 1875, daß sich das wissenschaftliche Interesse auch dem Nordland der Insel zuwandte. Bereits seit 1862 liegen eine Reihe von Daten über Ausbrüche in diesem Gebiet vor. Nach THORODDSEN[1] sichtete man am 30. Juni 1862 vom Südland aus Aschensäulen nördlich vom Vatnajökull, deren Ursprungsort nicht bekannt geworden ist. Desgleichen werden vom 29. August—5. September 1867 eruptive Erscheinungen gemeldet, deren Lage nicht bestimmt ist. THORODDSEN vermutet sie in den Kverkfjöll, weil man vom 8.—13. Januar 1873 in der gleichen Richtung von Reykjavik aus eine Feuersäule sah, deren Lage nach verschiedenen Beobachtungen über Rauch und Aschenfall im Südland auf die Gegend der Kverkfjöll wies. Am 29. März 1874 sichtete man vom oberen Jökuldalur große Rauchsäulen über den Dyngjufjöll, die auch von Svartárkot und vom Bardardalur aus bemerkt wurden. Auch nahm man während der gleichen Zeit vielfach heftige Erdbeben im Norden wahr, so am 31. Dezember 1867 an vielen Stellen, in Husavik bis zum 15. Januar 1868 sogar beständig. Ein heftiges Beben wird vom 17.—18. April 1872 aus Husavik gemeldet, das mit schwächeren Stößen bis zum Mai anhielt. Schwache Erschütterungen waren auch im Dezember des gleichen Jahres zu verzeichnen. Ende 1874 setzte alsdann eine Schütter- und Ausbruchsperiode im östlichen Nordland ein.

Am Abend des 18. Februar sah man von Grímstadir á Fjöllum ein großes Feuer im Westen im Gelände zwischen Myvatnsveit und der Jökulsá. Möglicherweise hatten die Ausbrüche schon vor dem genannten Tage eingesetzt, da nach JÓN von Reykjahlid niemand in diesen Tagen die Route nach dem Ostland eingeschlagen hatte.

[1] TH. THORODDSEN, Oversigt over de islandske Vulkaners Historie. Kopenhagen 1882. Ergänzungen des gleichen Verfassers in: Vulkaner i det nordöstlige Island. Stockholm 1888, deutsch Wien 1891.

Es schien, als ob zuerst das Feuer an mehreren Stellen ausbrach, die später zu einem einzigen großen Ausbruch miteinander verschmolzen. Jón Sigurdsson von Gautland untersuchte zusammen mit einigen andern Isländern die Vorgänge an Ort und Stelle.[1] Die Ausbruchsstelle lag westlich einer bekannten Spalte, der sog. Sveinagjá.[2] Die eigentliche Eruption war schon beendet, doch war die herausgeflossene Lava (Tuff wurde nirgends beobachtet) noch glühend heiß. Es hatte sich erst eine Kruste von 2—4 Fuß Dicke gebildet, in deren Sprüngen man vielfach noch das weißglühende Magma sah. Es war an mehreren Stellen hervorgebrochen, teils sehr flüssig, so daß es fortströmend flache Lavaflächen gebildet hatte, teils zäh, daß es Kraterwälle und Lavarücken formte. Ein Teil der Krater war offen und zeigte am Boden grundlose Spalten, denen ein heißer Dampf entstieg; andere waren durch Schlacken verstopft. Die gesamte Lavamasse war etwa $^1/_2$ Meile lang (3.8 km) und maß an der breitesten Stelle 300—400 Faden (540—720 m). Einige Vertiefungen waren von ihr ausgefüllt. An zwei oder drei Stellen hatten sich Hornitos gebildet, „smábungur“, wie sie der Bericht nennt, aus sehr heißem Magma, innen hohl, 2—4 Tonnen groß. Außerhalb der neuen Lava war der Boden weithin aufgerissen, und große Spalten waren entstanden.

Am Abend des 10. März wurde aus dem Myvatngebiet von neuem großes Feuer im Osten gesehen, ungefähr an der gleichen Stelle wie am 18. Februar.[3] Am folgenden Tage stieg Rauch auf, der bei ziemlich scharfem Südwind in die Länge gezogen wurde und wie eine Wolkenbank ein Achtel des Horizontes einnahm. Am 12. März brachen drei Männer vom Mückensee in das Gebiet auf. Ungefähr 700—800 Fuß (250 m) nördlich der Lava vom 18. Februar waren 14—16 größere und kleinere Krater entstanden, die sich in beinahe gerader Linie von Süden nach Norden auf ungefähr 200 Faden (360 m) Länge (im Original steht 20, was wohl ein Druckfehler ist) erstreckten. Sie waren noch tätig, indem sie mit starkem Getöse fortwährend glühende Lavaklumpen in die Luft spieen, die bis zu 10 Faden (18 m) Entfernung, meistens aber rings um die Krater-

[1] Jón Sigurdsson, Skýrsla um eldgosid í Thingeyarsýslu. Nordanfari, Jahrg. 1875, p. 26. Akureyri 1875.

[2] Thoroddsen sagt darüber in Geogr. Tidskrift 1906: Die Sveinagjá war vor 1875 eine ziemlich lange, aber nur ein paar hundert Faden breite Senkung zwischen zwei Spalten Nordnordost—Südsüdwest. Der Absturz auf beiden Seiten betrug 10—20 m.

[3] J. Hálfdanarson, Enudá eldgos á Myvatnsfjöllum. Nordanfari Jahrg. 1875, p. 33. Akureyri 1875.

öffnung niederfielen. Einzelne wurden sogar in 300 Faden Entfernung gefunden. Auf der Westseite der Krater hatte sich ein Lavarücken mit gleichbleibender Höhe von 50—60 Fuß gebildet, und zwar an einer Stelle, an der sich früher eine Ebene oder gar eine Vertiefung befand. Mit Ausnahme eines kleinen Platzes westlich von ihm war alles rings herum von Lava überflossen worden, weit nach Südosten, doch am weitesten nach Norden. Ein Strom nach Süden war 500 Faden (900 m) breit und ungefähr eine Meile (7.5 km) lang. Er war von vielen Unebenheiten besetzt und schwarz bekrustet. Kleine Ausflüsse weißglühenden Magmas waren schon im Verlauf von zwei Minuten von neuem mit einer Kruste bedeckt, die noch warm war, als sie bereits durch Bewegungen im Innern abgestoßen wurde. Ein weißblauer Dampf lag über der ganzen Lava, jedoch so zart, daß man ihn erst aus einiger Entfernung wahrnehmen konnte. Nachts erschien alles wie ein Feuermeer, der Schein rührte von dem Glühen der Lava her und nicht von eigentlichen Flammen.

Am Morgen des 13. März geschah weiter nördlich ein Ausbruch an einer Stelle, an der man am Tage vorher hatte Dampf intermittierend aufsteigen sehen. Am Abend des gleichen Tages schien dieser Ausbruch noch zugenommen zu haben.

Die vorstehenden Angaben finden eine glückliche Ergänzung von seiten Hallgrimur Jónasson, der gleichfalls am 12. März an Ort und Stelle war. Der Originalartikel ist mir nicht zugänglich gewesen; da Thoroddsen ihn aber ins Dänische übersetzt hat[1], so dürfte diese zweite Quelle vollauf für Richtigkeit bürgen. In die Luft geschleuderte Lavaströme, sofern sie nicht größer waren als eine geballte Faust, kühlten so schnell ab, daß sie beim Aufprallen auf den Erdboden ihre Bombenform bewahrten; größere Stücke wurden hierbei hingegen deformiert. Parallel mit dem Lavastrom fanden sich eine Menge Spalten in Südsüdwest-Nordnordost-Richtung, jedoch war keine von ihnen so breit, daß man sie nicht überspringen konnte. Am westlichen Teil des Lavastromes war die östliche Seite der Spalten niedriger als die westliche. An einer der Spalten konnte Jónasson bei seiner Anwesenheit wahrnehmen, daß ihre östliche Seite sich etwas über 2 Fuß innerhalb 12 Stunden senkte. Die Luft über der Lava war vollständig klar; erst in einer Höhe von 3—4000 Fuß bildeten sich gewaltige Wolken.

Am Abend des 4. April wurde vom Myvatngebiet wiederum ein intensiver Feuerschein am Osthimmel gesehen, vom Laxardalur etwas

[1] Geogr. Tidskrift. Kopenhagen 1906, p. 100.

südlicher als früher.[1] Einige Leute taten sich zusammen und brachen zur Ausbruchsstelle auf, die südöstlich vom Burfell gelegen war. Schon am Fuße dieses Berges vernahmen sie starkes Getöse: es war, als ob Wasserfälle von den Bergen herabstürzten. Ab und zu ließ das Rauschen etwas nach, um dann von neuem wieder einzusetzen. Östlich vom Burfell wurde es so stark wie dauerndes heftiges Donnern.

Die Lava entströmte drei nordsüdlich gelegenen Kratern, die auf ebenem Gelände standen und von denen der nördlichste der größte war. Ungefähr 50—80 Faden westlich von ihnen hatte sich in direkter Richtung Nord-Süd ein großer Erdriß gebildet. Der Boden war um drei Manneshöhen oder noch mehr gesunken und stieg gegen Osten an. Um diese Vertiefung war die Lava meistens nach Osten geflossen, bei der Anwesenheit der Leute floß sie jedoch aus dem südlichsten Krater südwestlich. Deutlich ließ sich ihr Vorwärtsrücken verfolgen.

Beim nördlichsten Krater war die Lava 300 Faden (540 m) weit geflossen. Feuersäulen stießen aus ihm hervor und spieen in einem ununterbrochenen Strahl Lava 2—300 Fuß hoch in die Luft, als ob eine siedende Springquelle arbeite. Die Spitze der Säule breitete sich seitwärts aus und fiel gleich kleinen Perlen und Tropfen nieder. Sobald sie sich von der Säule losgelöst hatten, wurden sie schwarz und zersprangen beim weiteren Abkühlen in mehrere Stücke. Doch teilweise waren sie beim Aufschlagen auf den Kraterrand noch so heiß, daß sie auseinanderspritzten und flossen, als ob Wasser aufklatschte. Solche Säulen entstiegen hier und da auch den andern Kratern, etwa 20—30 in einer Stunde. Doch waren sie nicht alle von der gleichen Höhe, sondern nahmen periodisch ab und zu, auch entstanden sie nicht immer auf den gleichen Stellen. Wahrscheinlich waren die Krater zuerst voll siedenden Magmas, aus dem die Feuersäulen unter großem Gasdruck hervorgestoßen wurden. Wesentliche Rauchentwicklung zeigte sich auch hier nicht, vielmehr nur ein ganz schwacher blauer Dunst, der um so lichter wurde, je höher er stieg. Es wohnte ein so starker Auftrieb in ihm, daß er mehrere hundert Faden senkrecht in die Höhe stieg, obwohl ein scharfer Wind wehte. Das Getöse rührte vom Brodeln in den Kratern her. Zwischendurch hörte man auch laute Knalle, zwischen denen jeweils blaue Dampf-

[1] Um eldgosid á Myvatnsfjöllum. Nordanfari 1875, p. 43—44. Akureyri 1875. Der Verfasser des Artikels ist nicht genannt. Burton gibt an, daß es wahrscheinlich der alte Pjetur Jónsson von Reykjahlid sei, jedoch sind Burtons Quellenangaben ein kritikloses Sammelsurium und in vielen Fällen ganz unbrauchbar. Schon Lock, der freilich mit seinen bissigen Bemerkungen niemand, auch Johnstrup einmal nicht, schont, hebt es hervor.

säulen aufstiegen; mutmaßlich platzten Dampfsäulen an der Oberfläche des Magmas. Beim Ausstoßen der Feuersäulen erfolgte hingegen gar kein Geräusch. Asche war nirgends zu sehen.

Am 20. April hatte man um den Mückensee wiederum den Eindruck einer neuen Eruption im Osten mit starker Rauch- und Lärmentwicklung.[1] Am 22. April brachen vier Männer zur Ausbruchsstelle auf. Als sie östlich von Kollottafjall kamen, sahen sie am Rande der Sveinagjá einen Krater, so groß wie ein kleiner Berg. Wo vorher eine schöne grasbewachsene Ebene war, dehnte sich jetzt ein Rücken mit einer Anzahl großer und kleiner Krater, die Nord-Süd orientiert waren. Sie spieen unter lautem Getöse unaufhörlich glühende Schlacken aus. Aus dem größten Krater floß weißglühendes Magma nach Westen. Aus den Sprüngen einer leicht erstarrten Kruste stiegen Flammen auf. Gleichzeitig wird eine heftige Rauchentwicklung aus den Dyngjufjöll gemeldet. Bis zum 24. April scheint dieser Ausbruch gedauert zu haben, der im Norden der Sveinagjá gelegen ist, wie aus hier nicht wiedergegebenen Bemerkungen über Grasverlust erhellt, und wie in dem zweiten der beiden Briefe direkt gesagt wird. Es waren 11 Tage seit der letzten Eruption verstrichen. Die übrigen Angaben des unbekannten Verfassers über heftige Ausbrüche vom 18.—19. März und am 23. März sind wohl irrtümlicherweise auf falsche Tage gelegt, wie auch die Angabe unrichtig ist, daß die Ausbrüche vom 20.—24. April an den gleichen Stellen wie am 10. März geschahen, d. h. im Norden des Eruptionsgebietes.

Als nach Watts Johnstrup im Juli 1876 die Vulkane studierte, nahm er nur äußerst schwache Spuren vulkanischer Tätigkeit wahr. Eine verschwindende Menge Wasserdampfes stieg an einigen Stellen auf, und nur noch geringe Wärme saß in den tieferen Teilen der Lava, von der erwärmte Luft durch die vielen Poren emporstieg, im allgemeinen 130—200° heiß; 300° fand sich 6 Fuß in einem der nördlichen Krater.

Faßt man die einzelnen Berichte zusammen, so ergibt sich, daß auf einer Nord-Süd streichenden Zone (nicht ganz genau, sondern etwa Nordnordost-Südsüdwest) abwechselnd an verschiedenen Stellen basaltisches Magma ausgebrochen ist, teils ruhig, teils aber unter explosiven Erscheinungen, indem Bomben unter starkem Gasdruck ausgestoßen wurden. Teilweise wurde auch etwas Asche ausgeworfen, die aber bei dem ruhigen Wetter, ihrem hohen spez. Ge-

[1] Ur bréfi frá Myvatn. 1. Mai u. 5. Mai, Nordanfari 1875, p. 55—56. Akureyri 1875.

wicht und der geringen Menge nach Johnstrup nicht weit verfrachtet wurde und keinerlei Schaden anrichtete. Das Quantum der ausgeflossenen Magmamasse schätzt Johnstrup auf 10000 Millionen Kubikfuß (270000 Kubikmeter), Helland zu 276 Mill. Kubikmeter, Lock zu 31 Tonnen Mill. Kubikfuß (?); doch hat er offenbar die mittlere Dicke, die er zu 100 Fuß annimmt, überschätzt.

Das ebene Gelände, in dem die Ausbrüche geschahen, erlaubte dem Magma eine freie Bewegung nach allen Seiten. Doch war es weder allzu reichlich noch zu dünnflüssig, so daß es sich in der Nähe der Austrittspunkte hielt. Wenn ich auch vom Eggert einen Überblick über das ganze Eruptionsgebiet gehabt habe, so kenne ich doch nur den nördlichen Teil der Lava genauer. Dort ist mir die ungeheure Zerrissenheit des Magmas aufgefallen. Meistens waren es jedoch keine weitgehenden Spalten, sondern kurze Risse, die vielleicht auf Kontraktion beruhen.

Da die Eruptionen bei der Sveinagjá in den gleichen Monaten wie die der Dyngjufjöll geschahen, so ist schon mehrfach der Gedanke eines inneren Zusammenhanges aufgeworfen worden. Er scheint sich schon den Anwohnern des Mückensees aufgedrängt zu haben, wenigstens wird ihm schon in einem Brief vom 1. Mai

Datum	Erdbeben	Explosion	Lavaausfluß
30. VI. 1862		nördl. des Vatnajökull	unbekannt
29. VIII.—5. IX. 1867		Kverkfjöll?	unbekannt
17.—18. IV. 1872 . .	Husavik		
13. I. 1873 . . .		Kverkfjöll?	unbekannt
29. III. 1874		Dyngjufjöll, Rauch	
etwa 15. XII. 1874 bis 4. I. 1875	Myvatnsveit, z.T. auch im übrigen Nordland		
Ende 1874 . .		Dyngjufjöll, Rauch	
3. I. 1875		Askja, vermutlich südliche Krater	
18. II. 1875 . . . . 10.—13. III. 1875 . . .		stets Rauch über den Dyngjufjöll	Mittlere Krater bei der Sveinagjá
28.—29. III. 1875 . .		Askja, Rudloffkrater und vielleicht nähere Umgebung	nördl. Krater bei der Sveinagjá
4. IV. 1875 und folgende Tage . . .		stets Rauch über den Dyngjufjöll	südl. Krater bei der Sveinagjá
20.—24. IV. 1875 . .		besonders starker Rauch über den Dyngjufjöll	nördl. Krater bei der Sveinagjá
15. VIII. 1875 . . .			südl. Krater bei der Sveinagjá

1875 Ausdruck gegeben. JOHNSTRUP widmete dieser Frage besondere Aufmerksamkeit, und an der Hand einer tabellarischen Zusammenstellung, die sich in den großen Zügen mit der meinen deckt, wies er auf die Alternativen der Eruptionen hin. Ruhte der Krater bei der Sveinagjá, so war er in der Askja tätig, und umgekehrt. Ferner vermeint er auch eine Kulmination vulkanischen Wirkens im März zu erkennen, doch erscheint mir diese Auffassung insofern fraglich, als die Aprilausbrüche bei der Sveinagjá an Intensität wohl kaum jenen im März und Februar nachstehen. An der Sveinagjá vermag ich verschiedene Stärkegrade nicht zu erkennen, wohl aber fällt in der Askja auf den 28.—29. März entschieden ein Höhepunkt eruptiver Entfaltung.

Schon JOHNSTRUP waren die mineralogischen Verschiedenheiten der Ausbruchsprodukte der beiden Stellen aufgefallen, basisch bei der Sveinagjá, sauer in der Askja. Mit Recht hat er schon die großen Höhenunterschiede zur Erklärung herangezogen. Je höher die Ausbruchsstelle liegt, um so weniger Luftdruck werden die Gasspannungen zu überwinden haben, um so tiefer, je mehr wird gasarmes Magma ausfließen.

Ebenso hat sich LOCK eingehend mit dem vulkanischen Konnex der beiden Eruptionsorte beschäftigt. Er vermutete gleichfalls einen unterirdischen Zusammenhang, und zwar in Form eines Kanals. Doch tragen die weiteren Schlußfolgerungen über Verstopfung von Ventilen und über Wasser, das in der Askja in die Tiefe drang und die Eruptionen hervorrief, den Stempel des Phantastischen und können nicht verwertet werden. Aber auch er, wohl im Anschluß an JOHNSTRUP, weist darauf hin, daß von einem gemeinsamen Herde aus die Effusion an den tieferen Stellen, die Explosion an den höheren statthaben muß.

Neuerdings hat sich dann RECK mit der Verwandtschaft der beiden Eruptionsgebiete befaßt. Auch er bringt eine Tabelle, die sich mit einigen Ergänzungen aus ERKES im wesentlichen an JOHNSTRUP anlehnt. Die Angabe, daß am 28. statt 18. Februar eine Eruption an der Sveinagjá stattfand, ist wohl verdruckt, ebenso wohl die Nachricht, daß zwischen dem ersten Erguß bei der Sveinagjá und dem Ausbruch in den Dyngjufjöll am 3. Januar 1875 etwa 5 Wochen anstatt 6—7 Wochen liegen. Auch RECK schließt sich der Anschauung JOHNSTRUPS an, daß eine Differenzierung nach der Schwere eine Erklärung für die vulkanische Produktivität bietet, führt diese Anschauung aber weiter zu dem ihm sehr wahrscheinlichen Ergebnis, daß im nord- und zentralisländischen Vulkangebiet die vulkanische Kraft der einzelnen Eruptionszentren von den

Magmanestern ausgeht, die sie in verschiedener Tiefe unterlagern und die erst ihrerseits in eine in wechselndem Maße behinderte Kommunikation mit einem größeren, tiefer gelegenen peripheren Vulkanherde stehen.

Wenn ich hier in eine Erörterung dieser Fragen trete, so gilt das gleiche, was Reck sagt, daß man über Vermutungen nicht hinauskommt. Doch die Aufdeckung neuer Probleme führt mancherlei negative Gesichtspunkte herbei, die trotz ihrer Wichtigkeit oft nur zu leicht übersehen werden. Sie engen den Raum für positive Behauptungen recht beträchtlich ein.

Nach Thoroddsen ist auf Island selbst aus historischen Zeiten keine Eruption bekannt, bei der heller leichter Bimstein ausgeworfen wurde. Jedoch macht Thoroddsen darauf aufmerksam, daß in vorhistorischer Zeit mehrere der größeren isländischen Vulkane, die fast ausschließlich aus basaltischem Gestein aufgebaut sind, vereinzelt liparitischen Bimsstein ausgespieen haben. Er weist dabei u. a. auch auf die Umgebung der Torfajökulls im Südland hin, von der Reck aus eigener Anschauung mitteilt, daß die Eruptionspunkte des leichten Obsidians und Bimssteins wesentlich höher als die des schweren basischen Basaltmagmas gelegen sind.

Reck wirft unter Hinweis auf dieses Auftreten den Gesichtspunkt auf, ein großer Magmaherd reiche von der Gegend der Dyngjufjöll bis zum nördlichen Ende der Sveinagjá. Man könne seine Grenzen auch noch viel weiter ziehen und annehmen, daß nur auf einer gewissen Zone eine Störung seiner Oberfläche Eruptionen gestattet. Dagegen sprechen nach Reck vornehmlich die Vulkanlosigkeit der begrenzenden Hauptabbruchsspalten, daß an Lakkolithen keine Differenzierung in eine obere saure und untere basische Schicht nachgewiesen ist, daß trotz vieler Spalteneruptionen Schildvulkane, die nach Reck nicht auf Spalten sitzen, sich ausgebildet haben, daß die ursächlichen Zusammenhänge zweier Eruptionen wie die in der Askja und bei der Sveinagjá durch eine und mehrere Wochen getrennt sind, daß bei Explosionen wie bei der des Rudloffkraters das flüssige Magma nicht sofort den entstehenden Raumüberschuß ausfüllte. Kann man alle Gegenstände im einzelnen Falle wohl erklären, so muß ich anderseits Reck voll und ganz beistimmen, daß die Summe der Erscheinungen, die gegen einen großen gemeinsamen Magmaherd spricht, so gewichtig ist, daß ein einheitlicher Herd abgelehnt werden muß.

Um die Widersprüche zu beseitigen, versucht Reck Stübels Ansichten auf Island zu übertragen. Er nimmt eine größere Zahl kleiner Magmanester unmittelbar unter dem Boden der Insel an, die zum Teil eine Verbindung mit entsprechend tiefer liegenden Vulkanherden besitzen. Hinweise hierfür werden durch Blicke auf die Schildvulkane gebracht, über die ich aber, wie ich an anderer Stelle ausführen werde, zu recht anderen Ergebnissen als Reck gelangt bin; ferner wird behauptet, daß die sauren Eruptionen auf Island stets auf höherem Niveau stattfinden als die basischen, wofür mir als Beweis nur der Rudloffkrater und die erwähnte Stelle am Torfajökull bekannt ist. Die übrigen isländischen Vorkommnisse saurer Gesteine sind meines Wissens noch nie stichhaltig daraufhin geprüft worden.

Meines Erachtens ist der springende Punkt in der Beurteilung der Frage der: trifft die stillschweigende Voraussetzung zu, daß die Magmanester konstant in Lage und Zusammensetzung sind? Kann nicht schon eine einzige Eruption Entmischungsprozesse einleiten, die zu neuen Mischungen führen, deren Strömungen nicht nur die Differenzierung, sondern auch die Position in kurzer Zeit gänzlich ändern? Wie man meistens die Verschiedenheiten des oberirdischen Vulkanismus durch Hypothesen komplizierter, aber konstanter Magmanester zu interpretieren sucht, kann man sie nicht sicherlich auch durch Hypothesen einfacher, aber veränderlicher Magmanester erklären? Doch wir wissen nichts über das unterirdische Island. Auch die regionale Anordnung und zeitliche Aufeinanderfolge des oberirdischen Vulkanismus der Insel ist noch so wenig geklärt, daß die Zeit für die Beantwortung so schwieriger Probleme wie die der Magmanester noch nicht gekommen ist.

Meine eigene Ansicht möchte ich dahin zusammenfassen. Es ist im höchsten Maße auffallend, daß nach einer längeren Pause eruptiver Tätigkeit im Nordland plötzlich sich sowohl in der Askja wie an der Sveinagjá heftige Ausbrüche ereignen, die zeitlich im großen und ganzen zusammenfallen. Weiter läßt sich meiner Überzeugung nach nichts mit Sicherheit konstatieren, alles übrige bleibt bei dem gegenwärtigen Stand der Vulkanologie dem subjektiven Ermessen des Einzelnen überlassen, selbst schon die Frage, ob eine gewisse Alternation der Tätigkeit in der Askja und bei der Sveinagjá einem Zufall zuzuschreiben ist oder ein genetisches Gesetz in sich birgt.

Zusammenfassung der Ergebnisse.

Ein großer Teil der Dyngjufjöll verdankt seine Entstehung einem Eruptionspunkt, der im Gebiete der heutigen Askja gelegen war und stratisch arbeitete. Ihm folgte eine magmatische Effusion, die die Hohlform der Askja mit einem Lavasee erfüllte. Sein Spiegel war Schwankungen unterworfen, von denen die letzte in Gestalt einer Senkung um 40—50 m zu erkennen ist. Abflüsse in das Ódádahraun vollzogen sich durch das Op, durch das Trölladyngjaskard und sehr wahrscheinlich auch durch die Sudurskörd, während in den nördlichen Dyngjufjöll eine große Fläche mit Magma überflutet wurde.

Am Boden der Askja ereigneten sich im Januar und März 1875 heftige Eruptionen, die fast ausschließlich Lockerprodukte zutage förderten. Ungefähr zu derselben Zeit bildete sich die in kleinerem Maße wohl schon angelegte Hohlform aus, die gegenwärtig der Knebelsee erfüllt. Auffallenderweise spielen sich etwa gleichzeitig im Gebiet des Mückensees magmatische Betätigungen ab, doch läßt für sie die Auswertung der isländischen Quellenschriften weder eine Gleichzeitigkeit noch ein Alternieren mit jenen in der Askja erkennen.

Die Caldera der Askja mit dem sekundären Kessel an ihrem Boden bietet ein lehrreiches Beispiel dafür, wie ein stratischer Vulkan in einer späteren Phase weiterhin von dünnflüssiger Lava überflutet werden kann, ohne daß das ältere Tuffgebirge gänzlich unter ihr begraben wird. Wäre solches eingetreten oder in überwiegendem Maße geschehen, so würde ein Schildvulkan in ähnlicher Weise in die Erscheinung gerufen sein, wie es mehrfach im Umkreis der Dyngjufjöll geschehen ist.

MIX
Papier | Fördert
gute Waldnutzung
FSC® C083411

Zeitfracht Medien GmbH
Ferdinand-Jühlke-Straße 7
99095 Erfurt, Deutschland
produktsicherheit@kolibri360.de